HIGHCHEM hautnah

Aktuelles aus der
ANALYTISCHEN CHEMIE

Herausgegeben von der GESELLSCHAFT DEUTSCHER CHEMIKER

Projektleitung und Projektkoordination:

Dr. Renate Hoer
Gesellschaft Deutscher Chemiker
Öffentlichkeitsarbeit
Varrentrappstraße 40 – 42
60486 Frankfurt am Main
E-Mail: r.hoer@gdch.de

Prof. Dr. Günter Gauglitz
Eberhard-Karls-Universität Tübingen
Institut für Physikalische und Theoretische Chemie (IPTC)
Auf der Morgenstelle 8
72076 Tübingen
E-Mail: guenter.gauglitz@ipc.uni-tuebingen.de

Redaktion

Dr. Beate Meichsner
Freie Wissenschaftsjournalistin
Höchster Str. 21g
65835 Liederbach
E-Mail: beate.meichsner@t-online.de

Diese Veröffentlichung wurde mit Mitteln der Gesellschaft Deutscher Chemiker (GDCh), der Fachgruppe Analytische Chemie der GDCh sowie den Firmen Analytik-Jena AG, Axel Semrau GmbH, BASF Aktiengesellschaft, Bischoff Analysentechnik u. -geräte GmbH, Bruker Optik GmbH, CS-Chromatographie Service, Degussa AG, Henkel KGaA, Phenomenex Ltd, Schering AG, dem wissenschaftlichen Springer-Verlag, Waters GmbH, WICOM Germany GmbH und Wiley-VCH Verlag GmbH & Co. KGaA gefördert.

Die GDCh dankt der Deutschen Bunsen-Gesellschaft für Physikalische Chemie (DBG) für die Genehmigung, den Titel „HighChem hautnah" weiterführen zu dürfen. Die Idee für dieses DBG-Projekt aus dem Jahr 2004 stammte von Frau Professor Dr. Katharina Kohse-Höinghaus.

Die Verantwortung für den Inhalt dieser Veröffentlichung liegt bei den Autoren.

Das vorliegende Werk wurde sorgfältig erarbeitet. Dennoch übernehmen Autoren, Herausgeber und Verlag für die Richtigkeit von Angaben, Hinweisen und Ratschlägen sowie für eventuelle Druckfehler keine Haftung.

Bibliografische Information der Deutschen Bibliothek
Die Deutsche Bibliothek verzeichnet diese Publikation in der
Deutschen Nationalbibliografie; detaillierte bibliografische
Daten sind im Internet unter http://dnb.ddb.de abrufbar.

© 2006, Gesellschaft Deutscher Chemiker, Frankfurt am Main

Alle Rechte, insbesondere die der Übersetzung in andere Sprachen, vorbehalten. Kein Teil dieses Buches darf ohne schriftliche Genehmigung der Gesellschaft Deutscher Chemiker in irgendeiner Form – durch Photokopie, Mikroverfilmung oder irgendein anderes Verfahren – reproduziert oder in eine von Maschinen, insbesondere von Datenverarbeitungsmaschinen, verwendbare Sprache übertragen oder übersetzt werden. Die Wiedergabe von Warenbezeichnungen, Handelsnamen oder sonstigen Kennzeichen in diesem Buch berechtigt nicht zu der Annahme, dass diese von jedermann frei benutzt werden dürfen. Vielmehr kann es sich auch dann um eingetragene Warenzeichen oder sonstige gesetzlich geschützte Kennzeichen handeln, wenn sie nicht eigens als solche markiert sind.
Gedruckt auf säurefreiem und chlorfrei gebleichtem Papier.

Herstellung: Druck- und Verlagshaus Zarbock, Frankfurt am Main
Printed in Germany

ISBN 3-936028-38-9

Vorwort

Viel Spaß und Gewinn bei der Lektüre!

Liebe Leser,
die Fachgruppe Analytische Chemie der Gesellschaft Deutscher Chemiker (GDCh) präsentierte im Jahr 2005 in ihrem Internet-Auftritt www.aktuelle-wochenschau.de Woche für Woche spannende Einblicke in ihr Fachgebiet. Die Beiträge über aktuellste Forschung, Entwicklungen und Anwendungen in der Analytischen Chemie wurden anschließend gekürzt, redaktionell aufbereitet und in dieser Broschüre zusammengefasst, nicht nach Wochen, sondern nach Themen geordnet. Die Langfassungen aus dem Internet können Sie aber der beigefügten CD entnehmen. Diese CD enthält noch weitere wichtige Informationen für Sie, auch über die Möglichkeit, bei der GDCh Mitglied zu werden.

Mit „HighChem hautnah - Aktuelles aus der Analytischen Chemie" halten Sie einen faszinierenden Streifzug durch eine Wissenschaft und Technik in den Händen, die in unserer Welt eine sehr verantwortliche Kontrollfunktion übernommen hat. Nur mit Hilfe der Analytischen Chemie wissen wir, was uns umgibt – wie unsere Umwelt beschaffen und vielleicht sogar belastet ist, wie sich unsere Lebensmittel zusammensetzen oder welche unerwünschten Stoffe sie möglicherweise beinhalten, was in unserem Körper vorgeht und ob krankhafte Veränderungen in Körperflüssigkeiten erkennbar sind. Die Analytik ist als Qualitätskontrolle in vielen Herstellungsprozessen gefragt – keineswegs nur in der chemischen Industrie oder der Nahrungsmittelindustrie, sondern auch in der Elektronik- oder Stahlindustrie, in der Biotechnologie und Pharmazie und andernorts.

Die Analytische Chemie war nur in ihren Anfängen im 18. und 19. Jahrhundert „reine" Chemie, als Chemiker Stoffe anhand ihrer chemischen Umwandlungen identifizierten. Spätestens im 20. Jahrhundert hat sich das geändert. Denn andere Fachbereiche wie die Gerätetechnik, – schon bald gepaart mit der Computertechnik – wurden wesentlicher Teil der Analytik ebenso wie die Physik, die Mathematik und die Informatik und, in zunehmenden Maße, die Biologie. Sie werden das auf den kommenden Seiten nachlesen können. Sie werden aber auch sehr bald merken, dass in all den vielen Einsatzgebieten der Analytik unbedingt der Sachverstand des Chemikers – des analytisch arbeitenden Chemikers gefragt ist.

In der GDCh, einem Verbund von über 27.000 Mitgliedern, spielt die Analytische Chemie eine ganz herausragende Rolle. Die GDCh-Fachgruppe Analytische Chemie ist nicht nur die zweitgrößte von 25 GDCh-Fachgruppen und –Sektionen. Die größte ist die Lebensmittelchemische Gesellschaft, und die Tätigkeiten der Lebensmittelchemiker beruhen ganz wesentlich auf analytischem Arbeiten. Ähnliches trifft auf die Mitglieder der Fachgruppen Umweltchemie und Ökotoxikologie oder der Wasserchemischen Gesellschaft zu. Schließlich gibt es in der GDCh auch noch die Fachgruppe Magnetische Resonanzspektroskopie: Sie behandelt eine Methode, die sich in der Chemie vor allem der Strukturaufklärung und damit der chemischen Grundlagenforschung widmet. Die Analytische Chemie hilft die grundlegenden Dinge der chemischen Zusammensetzung aufzuklären. Die daraus gewonnenen Erkenntnisse helfen uns nicht nur, die Welt um uns herum besser zu verstehen. Dieses Wissen benötigen wir auch für neue Produkte, wie sie aufgebaut und zusammengesetzt sein sollten. Für Innovationen also, die wir nicht nur für unsere Volkswirtschaft, sondern auch für die nachhaltige Entwicklung unserer Welt, für unsere Zukunftssicherung brauchen. Chemiker aller Fachrichtungen arbeiten an dieser wichtigen Aufgabe.

Die Aktuelle Wochenschau im Internet wird von der GDCh auch im Jahr 2006 fortgesetzt. Nun ist es die GDCh-Fachgruppe Angewandte Elektrochemie, die die Bedeutung ihrer Fachrichtung unter anderem für die Lösung der künftigen Energieprobleme mit Themen wie Elektrochemie und Energie, Brennstoffzellen oder Batterien aufzeigt. Auch hier ist geplant, im Anschluss eine entsprechende Broschüre der Serie "HighChem hautnah" zu gestalten. So entsteht im Lauf der Jahre eine attraktive Dokumentation der Bedeutung der verschiedenen Teilgebiete der Chemie in Forschung und Anwendung.

Da Sie, liebe Leser, diese Broschüre kostenlos erhalten sollen, braucht die GDCh finanzielle Unterstützung. Diese Broschüre wurde nur möglich aufgrund der finanziellen Unterstützung durch die Unternehmen Analytic Jena, Axel Semrau, BASF, Bischoff, Bruker, CS-Chromatographie Service, Degussa, Henkel, Phenomenex, Schering, dem wissenschaftlichen Springer-Verlag, Waters, Wicom und Wiley-VCH. Ich danke dafür ganz herzlich!

Prof. Dr. Wolfram Koch
Geschäftsführer der
Gesellschaft Deutscher Chemiker

Besuchen Sie uns zur ANALYTICA in München, Halle A1, Stand 505

  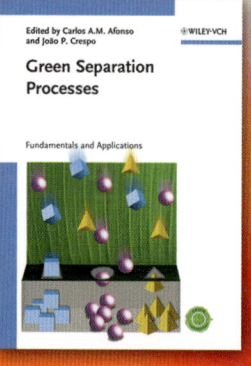 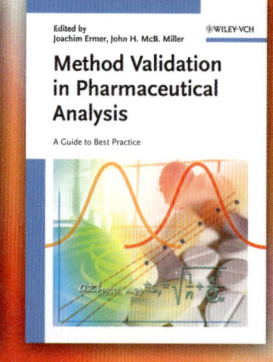 

WILEY – Ihre Adresse, wenn es um Analytik geht!

WERNER FUNK, VERA DAMMANN und GERHILD DONNEVERT

QUALITÄTSSICHERUNG IN DER ANALYTISCHEN CHEMIE

Anwendungen in der Umwelt-, Lebensmittel- und Werkstoffanalytik, Biotechnologie und Medizintechnik

2., vollst. überarb. u. erw. Aufl.

„...eine hervorragende Hilfe im Rahmen der Qualitätssicherung für chemisch-analytische Laboratorien. Die zweite Auflage wurde sinnvoll überarbeitet und an den richtigen Stellen ergänzt."

GEFAHRSTOFFE – REINHALTUNG DER LUFT

3527-31112-2   2005   298 S. mit 94 Abb. und 27 Tab. Gebunden   € 89,- /SFr 142,-

QUALITY ASSURANCE IN ANALYTICAL CHEMISTRY

Applications in Environmental, Food and Materials Analysis, Biotechnology and Medical Engineering

2nd, completely revised and enlarged edition

3527-31114-9   September 2006 approx 290pp with approx 90 figs   Hbk approx € 95.00 /£ 70.00 / US$ 82.95

STAVROS KROMIDAS (Hrsg.)

HPLC RICHTIG OPTIMIERT

Ein Handbuch für Praktiker

Fundierte Hilfe für die Optimierung in allen wichtigen HPLC-Modi durch praktische Tipps und Hintergrundinformationen. International renommierte Autoren bieten Einblicke in die Optimierungspraxis bedeutender Firmen. Auf das Wesentliche konzentriert und anwendungsnah geschrieben.

3527-31470-9   April 2006 ca. 776 S. mit ca. 340 Abb., davon 40 in Farbe   Gebunden € 119,- /SFr 188,-

HPLC MADE TO MEASURE

3527-31377-X   May 2006 approx 752pp with approx 340 figs, 40 in color   Hbk € 119.00 /£ 85.00 / US$ 145.00

CARLOS A. M. AFONSO und JOÃO P. S. G. CRESPO (Hrsg.)

GREEN SEPARATION PROCESSES

Fundamentals and Applications

Möchten Sie in Ihrem Analytiklabor Methoden anwenden, mit denen Sie sich von den klassischen Ansätzen radikal abkehren, um umweltfreundlich und energiesparend zu sein? Dieses Buch ist die Antwort auf die Suche nach „grünen" Trennmethoden.

3527-30985-3 2005   383 S. mit 188 Abb. und 26 Tab. Gebunden
€ 139,- /SFr 220,-

JOACHIM ERMER und JOHN H. McB. MILLER (Hrsg.)

METHOD VALIDATION IN PHARMACEUTICAL ANALYSIS

A Guide to Best Practice

„Das Werk ist ein Muss für alle Kolleginnen und Kollegen, die sich in ihrer praktischen Arbeit mit der Validierung pharmazeutisch-analytischer Verfahren beschäftigen – im besten Sinne „A Guide to Best Practice"; es ist auch ein fundamentales Nachschlagewerk für das Thema insgesamt und damit auch wertvoll im regulatorischen und akademischen Umfeld."

PHARMAZIE IN UNSERER ZEIT

3527-31255-2   2005   418 S. mit 138 Abb., davon 9 in Farbe, und 99 Tab.   Gebunden   € 149,- /SFr 235,-

VERONIKA R. MEYER

FALLSTRICKE UND FEHLERQUELLEN DER HPLC IN BILDERN

3., überarb. u. erw. Aufl.

Mit 13 neuen Beispielen schildert Veronika Meyer in dieser dritten Auflage fast 100 Fallstricke und Fehlerquellen, jeweils mit einem knappen, aussagekräftigen Text und einer informativen Abbildung. Eine praxisnahe Hilfe für zuverlässige und richtige Analysenergebnisse!

3527-31268-4   Januar 2006 194 S. mit ca. 94 Abb. Broschur € 44,90 /SFr 72,-

PITFALLS AND ERRORS OF HPLC IN PICTURES

2nd, revised and enlarged edition

3527-31372-9   January 2006 199pp with 87 figs   Pbk € 44.90 /£ 32.50 /US$ 55.00

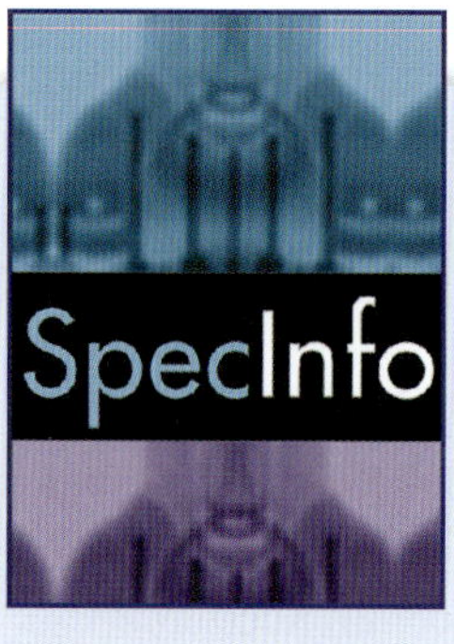

EINE DER GRÖSSTEN SPEKTRENBIBLIOTHEKEN

SpecInfo – die integrierte Lösung zur Visualisierung, Vorhersage und Suche spektroskopischer Daten. 434.000 Spektren in den Bereichen Infrarot (IR)-, Kernresonanz (NMR)- und Massenspektrometrie (MS).

Demo und mehr unter
www.interscience.wiley.com/db/specinfo

Einfach und sicher: Datenbanken auf CD-ROM.

Mehr Information dazu auf der Webseite www.stmdata.de

Wiley-VCH • Postfach 10 11 61 • D-69451 Weinheim
Tel. +49 (0) 62 01-606-400 • Fax +49 (0) 62 01-606-184
E-Mail: service@wiley-vch.de • www.wiley-vch.de

Viel mehr als Spurensuche!

Es war, ist und bleibt die Aufgabe aller Analytiker, ihr Fach aktiv zu vertreten und sich sowohl im Fachbereich als auch in der Öffentlichkeit aktiv an Diskussionen zu beteiligen. Wir sollten immer wieder deutlich machen, dass Analytik keine Hilfswissenschaft, keine Routineangelegenheit oder Serviceeinrichtung ist. Moderne Analytik liefert vielmehr die Voraussetzung für hohe Forschungsleistung und damit für den Wirtschaftsstandort Deutschland.

Nicht zuletzt deshalb schrieben über ein Jahr hinweg analytisch arbeitende Gruppen in Hochschulen, Forschungseinrichtungen und Industrie Beiträge für die GDCh-Wochenschau, in denen sie ihre aktuellen Arbeiten vorstellten. Die Beiträge, die nun auch kurz gefasst in dieser Broschüre vorliegen, zeigen eindrucksvoll die Breite in Methodik und Anwendungen, den hohen Stand der Analytik im deutschsprachigen Raum sowie die große Zahl von analytisch ausgerichteten Arbeitsgruppen und deren hohen Leistungsstand. Und sie zeigen auch, dass Chemikerinnen und Chemiker durch ihre Materialkenntnis, ihre Ausbildung, ihr Methodenwissen, ihre Offenheit und ihr Verständnis für Problemstellungen in vielen Fachgebieten eine bedeutende Rolle spielen.

Die vielfältigen Beispiele konkreter analytischer Anwendungen demonstrieren eindeutig die große Bedeutung dieses Fachgebietes. Denn ohne eine extrem leistungsfähige Analytik wäre unser tägliches Leben längst nicht so sicher und bequem, wie wir es manchmal fast selbstverständlich hinnehmen. Man denke nur an die Kontrolle von Wasser, Lebensmitteln und Produkten, an die Rolle der Analytik in der modernen medizinischen Diagnostik, bei der Qualitätskontrolle und der Raumluftüberwachung, beim Gefahrenschutz bis hin zur Prozesskontrolle und zur Unterstützung in der Anorganischen, Organischen und Physikalischen, der Makromolekularen sowie Technischen Chemie. Und auch in der Biologie und Medizin spielt die Analytik eine wichtige Rolle – Bioanalytik sowie chemische und biochemische Sensoren sind hier die Stichworte.

Diese Vielfalt an Methoden und Anwendungen zeigt deutlich, dass Analytik eine Querschnittwissenschaft ist. Viele Fachrichtungen wie Medizin, Biologie, Physik, Chemie und sogar Informatik wirken hier zusammen und liefern häufig die Grundlage für juristische Entscheidungen. Zudem trägt die Analytik als exakte Wissenschaft dazu bei, Diskussionen in der Gesellschaft, beispielsweise zu Umweltfragen, von einer emotionalen auf eine sachliche Ebene zu heben. Diese Vielfalt spiegelt auch unsere Fachgruppe Analytische Chemie wider. Hier haben Wissenschaftler aus ganz unterschiedlichen Arbeitskreisen die Möglichkeit, gemeinsam Problemlösungen zu diskutieren. Dass sie dabei die gesamte fachliche Breite ihres Fachgebietes abdecken, ist ein nicht zu unterschätzender Vorteil. Hinzu kommt, dass sie in die Ausbildung an Fachhochschulen und Hochschulen, integriert sind. Durch die von ihnen ausgebildeten jungen Menschen leisten sie einen entscheidenden Beitrag für die Zukunft von Wirtschaft und Wissenschaft in unserem Land.

Gute Analytik kann niemals „nebenbei" oder fachfremd geleistet werden. Dies spiegelt sich auch darin wieder, dass die Bedeutung der Analytik europaweit anerkannt ist. Die Zukunftsperspektiven junger Hochschulabgänger in diesem Fachgebiet sind also außerordentlich günstig. Nicht unterschlagen darf man allerdings, dass die Perspektiven für Nachwuchswissenschaftler an unseren Hochschulen wegen der Stellenstreichungen und der Fokussierung auf die Kernfächer weniger rosig sein können. Deshalb hat sich die GDCh-Fachgruppe Analytische Chemie im Jahr 2003 mit ihrem „GDCh-Memorandum Analytik" auch im politischen Raum engagiert.

Die GDCh-Fachgruppe Analytische Chemie ist Plattform für und Sprachrohr von Analytikern in Deutschland. Wie die analytische Wissenschaft selbst sieht auch die Fachgruppe über den eigenen Tellerrand hinaus und fördert die Interdisziplinarität. Denn für eine Mitgliedschaft ist keinesfalls eine Ausbildung in Chemie das einzige Kriterium. Die Türen der Fachgruppe stehen vielmehr auch Personen mit Ausbildungen in anderen Fachrichtungen offen.

Günter Gauglitz, Institut für Physikalische und Theoretische Chemie, Eberhard-Karls-Universität Tübingen, Vorsitzender der GDCh-Fachgruppe Analytische Chemie

Vorwort 3

Viel mehr als Spurensuche! 5

Inhaltsverzeichnis 6

Analytik in der pharmazeutischen und chemischen Industrie
Partner der Wertschöpfung 12

1   Auf die Umwelt kommt es an!

1.1 Automatisiertes Biosensor-Analysatorsystem spürt ökotoxikologische Stoffe auf
Ultrasensitive Wasseranalytik 17
  Jens Tschmelak und Günter Gauglitz, Institut für Physikalische und
  Theoretische Chemie, Eberhard-Karls-Universität Tübingen   (1. Woche)

1.2 Strukturchemische Charakterisierung
  von komplexen Mischungen am Beispiel natürlicher organischer Materie (NOM)
  Hochkomplexe Mischung 18
  Norbert Hertkorn, Philippe Schmitt-Kopplin, GSF Forschungszentrum
  für Umwelt und Gesundheit, Institut für Ökologische Chemie, Neuherberg
  Antonius Kettrup, Technische Universität München, Lehrstuhl für
  Ökologische Chemie und Umweltanalytik   (10. Woche)

1.3 Analytik von Quecksilber im Pikogramm Bereich
  Routine im Umweltlabor? 20
  Gerhard Schlemmer, Analytik- Jena AG   (12. Woche)

1.4 Neues Verfahren zur Analyse von Pentachlorphenol
  Altlast im Holz 22
  Irene Nehls und Roland Becker, Bundesanstalt für Materialforschung
  und -prüfung, Organisch-Chemische Analytik, Referenzmaterialien, Berlin   (19. Woche)

1.5 Dieselruß als Feinstaubproblem messtechnischer Art
  Partikel zählen! 24
  Armin Messerer und Reinhard Nießner, Institut für Wasserchemie und
  Chemische Balneologie, Technische Universität München   (23. Woche)

1.6 Anwendung von Summenparametern und spezifischer Einzelstoffanalytik
  zur Untersuchung von Schwimmbeckenwasser
  Ungetrübte Badefreuden? 26
  Christian Zwiener, Thomas Glauner und Fritz H. Frimmel, Engler-Bunte-Institut,
  Lehrstuhl für Wasserchemie, Universität Karlsruhe (TH)   (24. Woche)

1.7 Eine Herausforderung von der Probennahme bis zur analytischen Bestimmung
  Umweltanalytik in Äthiopien 28
  Bernd W. Wenclawiak, Universität Siegen, Analytische Chemie   (25. Woche)

1.8 Schwefelanalyse in schwefelfreien Kraftstoffen
Schwefelarm – schwefelfrei – ganz ohne Schwefel? 29

Jan T. Andersson, Institut für Anorganische und Analytische Chemie,
Westfälische Wilhelms-Universität Münster (31. Woche)

1.9 Analyse eines ökotoxikologischen Problems
Luft, Wasser und Flussperlmuscheln 31

Hartmut Frank und Silke Gerstmann, Umweltchemie und
Ökotoxikologie, Universität Bayreuth (32. Woche)

1.10 Zur Belastung von Gewässern mit Toxinen cyanobakteriellen Ursprungs
Blaualgenblüte in deutschen Seen 32

Susann Hiller und Bernd Luckas, Friedrich-Schiller-Universität Jena,
Institut für Ernährungswissenschaften, Lehrstuhl Lebensmittelchemie (49. Woche)

2 Analytik und Biologie – lebendige Partnerschaft

2.1 Ionenchromatographie für die Elementspeziesanalyse von Aluminium in Pflanzen
Aluminium – ein vielseitiges Element 37

Oliver Happel und Andreas Seubert, Philipps-Universität
Marburg, Fachbereich Chemie (3. Woche)

2.2 Dem Nährstoff- und Signaltransport der Pflanzen auf der Spur
Pflanzen: hochkomplex und perfekt organisiert 39

Uwe Breuer, Walter Schröder, Ulrich Schurr und Stephan Küppers,
Forschungszentrum Jülich GmbH (6. Woche)

2.3 Biochips schnell, label-frei und mit hoher Empfindlichkeit auslesen
Biochemische Bindungen 40

Gerald Steiner, Technische Universität Dresden,
Institut für Analytische Chemie (29. Woche)

2.4 RNA- und Proteinsynthese auf Oberflächen
Vernetzte Prozesse 42

Jenny Steffen, Fraunhofer-Institut für Biomedizinische Technik, Abteilung Molekulare Bioanalytik & Bioelektronik, Nuthetal,
Frank F. Bier, Universität Potsdam,
Institut für Biochemie und Biologie, und Fraunhofer Institut für Biomedizinische
Technik, Abteilung Molekulare Bioanalytik & Bioelektronik, Nuthetal (37. Woche)

2.5 Lipidmembranen in Biosensoren und Arrays
Freitragende Architektur 43

Winfried Römer, Curie Institute, Paris,
Claudia Steinem, Institut für
Analytische Chemie, Chemo- und Biosensorik, Universität Regensburg (39. Woche)

2.6 Interferometrisches Messsystem zur markierungsfreien Analyse biomolekularer Bindungsreaktionen
Schwierige Bindungen 44

Katrin Schmitt und Christian Hoffmann, Fraunhofer-Institut
für Physikalische Messtechnik, Freiburg (44. Woche)

3 Im Dienst der Gesundheit

3.1 Vergleichende Genexpressionsanalyse mit Microarrays und ihre Anwendung in der Tumordiagnostik
Irrwege vermeiden 49

Simone Günther, Alexander Jung und Michael Steinwand, Applera
Deutschland GmbH, Applied Biosystems, Darmstadt
Ulf Vogt, Institut für Molekulare Onkologie, Ibbenbüren   (11. Woche)

3.2 Untersuchung biologisch abbaubarer Implantatlegierungen auf Magnesium-Basis
Wie viel Implantat verkraftet unser Körper? 50

Carla Vogt, Universität Hannover, Naturwissenschaftliche Fakultät,
Institut für Anorganische Chemie
Frank Witte, Labor für Biomechanik und Biomaterialien, Orthopädische Klinik der
Medizinischen Hochschule Hannover,
Jürgen Vogt, Institut für Experimentelle Physik II, Universität Leipzig   (27. Woche)

3.3 Mikrobiosensoren für die Medizinische Analytik
Sensible Sensoren 51

Gerald Urban, Albrecht-Ludwigs-Universität Freiburg, IMTEK- Sensoren   (33. Woche)

3.4 Biosensoren als wichtige Werkzeuge in der Pharmazie
Auf der Suche nach Arzneistoffen 52

Michael Keusgen und Markus Hartmann, Institut für Pharmazeutische
Chemie, Philipps-Universität Marburg   (42. Woche)

3.5 Die Bestimmung von Immunsuppressiva mittels LC-MS als Beispiel für das Therapeutische Drug Monitoring (TDM)
Klinische Überwachung von Arzneimitteln 54

Nicole Jachmann und Kai Bruns, Johannes Gutenberg Universität Mainz,
Institut für Klinische Chemie und Laboratoriumsmedizin   (45. Woche)

3.6 Markerfreie Bildgebung mittels Raman- und Infrarot-Spektroskopie
Einblick in Zellen und Gewebe 55

Christoph Krafft und Reiner Salzer, Institut für Analytische Chemie,
Technische Universität Dresden   (47. Woche)

4 Wissen, was man isst und trinkt!

4.1 Nachweis von Pflanzenschutzmittelrückständen in Wein mittels SPME-GC/MS
In Vino Veritas? 61

Susanne Jaeger und Wilhelm Lorenz, Martin-Luther-Universität Halle-Wittenberg,
Institut für Lebensmittelchemie und Umweltchemie   (30. Woche)

4.2 Analytik von Schwermetallspezies mit Kapillar-Gaschromatographie und induktiv gekoppeltem Plasma-Massenspektrometer
Limitiert Methylquecksilber den Genuss von Seafood? 62

Klaus G. Heumann und Nataliya Poperechna, Institut für Anorganische Chemie
und Analytische Chemie der Johannes Gutenberg-Universität Mainz   (34. Woche)

4.3 Neue Verfahren zur Analytik mariner Biotoxine
Miese Muscheln? 64

Stefan Effkemann, Niedersächsisches Landesamt für Verbraucherschutz
und Lebensmittelsicherheit, LAVES-IfF Cuxhaven, Fachbereich Biotoxin-
und Arzneimittelrückstandsanalytik (46. Woche)

5 Kultur, Kriminalistik, Kosmos

5.1 Einfluss von kupferhaltigen Farbpigmenten auf Alterungs- und
Schädigungsprozesse an Kunstwerken Kölner Sammlungen
Schädliche Kupferpigmente..69

Hartmut Kutzke und Robert Fuchs, Fachhochschule Köln, Fakultät für Kulturwissenschaften,
Institut für Restaurierungs- und Konservierungswissenschaft (5. Woche)

5.2 Schnelle Analytik von Sprengstoffen auf Peroxidbasis
Schon wieder ein weißes Pulver! 70

Martin Vogel, Universität Twente, Abteilung Chemische Analyse und
MESA$^+$ Institut für Nanotechnologie, Enschede/Niederlande
Rasmus Schulte-Ladbeck, Bundeskriminalamt, Wiesbaden
Uwe Karst, Westfälische Wilhelms-Universität Münster,
Institut für Anorganische und Analytische Chemie (7. Woche)

5.3 Schnelle und simultane Analyse geringster Probenmengen mit Plasma-Flugzeitmassenspektrometrie
Jung und viel versprechend 72

Nicolas H. Bings, Institut für Anorganische und Angewandte
Chemie, Universität Hamburg (28. Woche)

5.4 Bestimmung langlebiger Radionuklide mittels Beschleunigermassenspektrometrie (AMS)
Meteorite – Zeugen der Vergangenheit 73

Silke Merchel und Ulrich Herpers, Abteilung Nuklearchemie, Universität zu Köln
Rolf Michel, Zentrum für Strahlenschutz und Radioökologie,
Universität Hannover (50. Woche)

6 Chemische Prozesse – gewusst wie!

6.1 Mikroplasmen auf einem Chip: eine Herausforderung für die Atomspektrometrie
Heiße Chips..79

José A.C. Broekaert, Universität Hamburg, Institut für
Anorganische und Angewandte Chemie (8. Woche)

6.2 Spurenanalytik in der Produktion von Prozesschemikalien für die Halbleitertechnologie
Von höchster Reinheit..80

Klaus Klemm, Merck KGaA, Darmstadt (13. Woche)

6.3 Optische Online-Spektroskopie zur Reaktionskontrolle in Labor, Technikum und Produktion
Chemische Prozesse beobachten 82

Heiko Egenolf und Klaus-Peter Jäckel, BASF
Aktiengesellschaft, Kompetenzzentrum Analytik (16. Woche)

6.4 Nichtlineare elektrokinetische Phänomene
in elektrochromatographischen, elektrodialytischen und mikrofluidischen Verfahren
Aus dem Gleichgewicht! 83

Ulrich Tallarek, Institut für Verfahrenstechnik,
Otto-von-Guericke-Universität Magdeburg (36. Woche)

7 Klein aber fein!

7.1 Schnelle, effiziente Trennungen an stationären Phasen mit
Teilchendurchmessern kleiner als zwei Mikrometer
Klein und kurz – aber schnell! 87

Stefan Lamotte, Rainer Brindle, Klaus Bischoff und Peter Dietrich,
Bischoff Analysentechnik u. -geräte GmbH, Leonberg (17. Woche)

7.2 Miniaturisierung in der Analytischen Chemie
Lab on a Chip 89

Dirk Janasek, ISAS - Institute for Analytical Sciences, Dortmund (21. Woche)

7.3 Elektrophorese mit Mikrochips
Der Traum vom Westentaschen-Labor 90

Detlev Belder, Max-Planck-Institut für Kohlenforschung, Mülheim an der Ruhr (22. Woche)

7.4 Bioanalytik mit elektrischen Biochips
Analytik vor Ort 91

Rainer Hintsche, Fraunhofer-Institut für Siliziumtechnologie
und eBiochip Systems GmbH, Itzehoe (40. Woche)

8 Auf der Suche nach neuen Materialien

8.1 Nanoanalytik in der Stahlindustrie
Nano – Mode-Erscheinung oder Basis für gezieltes Design? 95

Tamara Appel, ThyssenKrupp Stahl AG, Dortmund (9. Woche)

8.2 Wasserstoffanalytik mit hochenergetischen Ionen
Gute Referenzen 96

Uwe Reinholz und Wolf Görner, Bundesanstalt für
Materialforschung und -prüfung (BAM), Berlin (15. Woche)

8.3 Zweidimensionale Flüssigchromatographie als Schlüsselmethode moderner Materialforschung
Von der Struktur zur Eigenschaft 97

Daniela Knecht und Harald Pasch, Deutsches
Kunststoff-Institut und FB Chemie der TU Darmstadt (43. Woche)

8.4 Neue Technologie angewandter Polymerforschung
Hundert mal schneller zu neuen Sensormaterialien 98

Vladimir M. Mirsky, Institut für Analytische Chemie, Chemo-
und Biosensorik, Universität Regensburg (48. Woche)

9 Die Struktur macht's

9.1 Isolierung, Trennung und Strukturaufklärung wertvoller Substanzen aus der Natur
Starre Ketten trennen besser 103
Christoph Meyer, Petra Hentschel, Jens Rehbein, Marc-David
Grynbaum und Klaus Albert, Eberhard-Karls-Universität Tübingen,
Institut für Organische Chemie (2. Woche)

9.2 Chiralität und die Bedeutung chromatographischer Enantiomerentrennung
Von Bildern und Spiegelbildern 104
Volker Schurig, Institut für Organische Chemie, Universität Tübingen (4. Woche)

9.3 ChemKrist: Röntgenstrukturanalyse und mehr
In kristallinen Pulvern lesen 106
Ernst Egert, Institut für Organische Chemie und Chemische
Biologie, Johann Wolfgang Goethe-Universität Frankfurt (14. Woche)

9.4 Die INE-Beamline zur Actiniden-Forschung an ANKA
Komplexe Actiniden 107
Melissa A. Denecke, Forschungszentrum Karlsruhe,
Institut für Nukleare Entsorgung (41. Woche)

10 Methoden der Wahl

10.1 Innovative Gaschromatographie:
schneller, umfassender, leistungsfähiger
Schritt für Schritt 111
Werner Engewald, Universität Leipzig, Institut für Analytische Chemie (18. Woche)

10.2 Nichtisotherme chemische Sensoren
Mehr als künstliche Sinnesorgane 112
Peter Gründler, Institut für Chemie, Universität Rostock (20. Woche)

10.3 Flüssigchromatographie/Massenspektrometrie
für die Analytik unpolarer Verbindungen
Gute Aussichten 113
Bettina Seiwert und Uwe Karst, Westfälische
Wilhelms-Universität Münster,
Institut für Anorganische und Analytische Chemie
Suze van Leeuwen und Martin Vogel, Universität Twente,
Abteilung Chemische Analyse und MESA[+] Institut
für Nanotechnologie, Enschede/Niederlande
Heiko Hayen, ISAS Institute for Analytical Sciences, Dortmund (26. Woche)

10.4 Bildgebende chemische Sensorik
Ans Licht gebracht! 115
Michael Schäferling und Otto S. Wolfbeis, Institut für Analytische
Chemie, Chemo- und Biosensorik, Universität Regensburg (41. Woche)

38. Woche

Analytik in der pharmazeutischen und chemischen Industrie

Partner der Wertschöpfung

38. Woche *Klaus-Dieter Franz, Merck KGaA, Darmstadt*

Der Anfang

Unser heutiges Verständnis für Chemie in Wissenschaft und Industrie hat seine Wurzeln im 18. Jahrhundert. Damals wurden erstmals Reaktionen mit definierten Ausgangsmaterialien genau geplant und in eigens dafür konzipierten Apparaturen mit präzisen Gewichts- und Volumenmessungen begleitet. Die daraus resultierenden Substanzen wurden möglichst vollständig charakterisiert und die Experimente so beschrieben und dokumentiert, dass sie reproduzierbar waren. Diesen gesamten Prozess nennen wir heute Analytik. Er schuf den Übergang vom empirisch geprägten Hantieren und Umwandeln von Substanzen zur Chemie als exakter Wissenschaft. Durch das Verständnis und die Reproduzierbarkeit chemischer Reaktionen hatte man zudem die Voraussetzungen für die Umsetzung in die Praxis geschaffen: Es war die Geburtsstunde der Chemischen und Pharmazeutischen Industrie.

Analytik – wissenschaftliche Disziplin und Informationstechnologie (IUPAC, 1996)

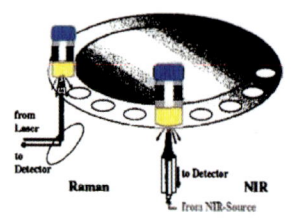

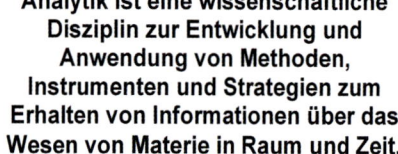
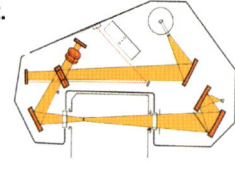
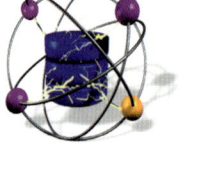

Analytik ist eine wissenschaftliche Disziplin zur Entwicklung und Anwendung von Methoden, Instrumenten und Strategien zum Erhalten von Informationen über das Wesen von Materie in Raum und Zeit.

Stellenwert der Analytik

Bis weit in das 20. Jahrhundert gehörten grundlegende analytische Techniken zu den handwerklichen Grundlagen der Chemiker in Forschung und Entwicklung. Arbeitsteilig spezialisierte analytische Labore zur Überwachung von Reinheit und zugesicherten Eigenschaften entstanden zuerst in den chemischen und pharmazeutischen Fabriken Mitte des 19. Jahrhunderts. Gegen Ende des vorigen Jahrhunderts kamen mehr und mehr spektroskopische, chromatographische und andere instrumentelle Verfahren auf. Die Folge war eine immer mehr spezialisierte, arbeitsteilige Organisation der Analytik als Service und damit auch eine Verschiebung des Stellenwerts. Analytik wurde innerhalb der großen chemisch-pharmazeutischen Unternehmen zunehmend als austauschbarer Dienstleister gesehen und teilweise ausgegründet.

Egal ob interner oder externer Dienstleister – die methodische Leistungsfähigkeit, das Aufgabenspektrum und das Anforderungsprofil der Analytik haben sich substantiell gewandelt. Eine Arbeitsgruppe der Europäischen Chemischen Gesellschaften FECS entwickelte daher ein Curriculum für die Lehre der Analytischen Chemie mit umfassendem Aufgabenprofil und klarem Selbstverständnis. Danach ist „Analytik eine wissenschaftliche Disziplin zur Entwicklung und Anwendung von Methoden, Instrumenten und Strategien zum Erhalten von Informationen über das Wesen von Materie in Raum und Zeit."

Damit stand ein wesentlicher neuer Aspekt der Analytik im Zentrum: Analytik erzeugt Information! Sie ist somit nicht beschränkt auf Messwerte und Daten. Analytik ist also im erkenntnistheoretischen und erkenntnissystematischen Sinn sowohl eine wissenschaftliche Disziplin als auch ein wesentlicher Verantwortungsträger unabhängiger Information. Der Wert der Analytik besteht nicht nur darin, ein Problem zu verstehen und die richtigen Fragen zu stellen. Zum Selbstverständnis der Analytiker gehört auch, die Daten umfassend zu bewerten, einzuordnen und in aussagekräftiger Form an den Auftraggeber weiterzugeben. Denn die richtige Information ist von Nutzen. Sie erst schafft eine Wertsteigerung, weil damit eine Verantwortung für ein belastbares Ergebnis – im wirtschaftlichen Umfeld heißt das auch Haftung – übernommen wird. Für den Auftraggeber bedeutet das Effizienz, Verlässlichkeit, Vertrauen.

Wandel des Aufgabenprofils

Mit zeitlichem Abstand betrachtet ist es nicht verwunderlich, dass sich vor circa 10 bis 20 Jahren die Analytische Chemie, besser „Analytical Science", in Hochschule und Industrie neu definieren musste, da völlig neue Erwartungen an sie gestellt wurden und werden:

- Anforderung aus gesellschaftlichen Bereichen wie Umwelt, Gesundheit, Kriminalität, zivilrechtlich/ethisch (DNA, Genom), Sport, Sicherheit u.v.m.
- Erweiterung des Methodenspektrums durch neuartige Verfahren, Bioanalytik, Kopplungsmethoden, Chemometrie, instrumentellen Fortschritt
- Integration der Analytik in öffentlich rechtliche und privatwirtschaftlich regulierte Bereiche der transparenten, dokumentierten und überprüfbaren Qualitätskontrolle und Qualitätssicherung.
- Verlagerung der Analytik von außerhalb des Prozesses als Außen- und Endkontrolle in den Prozess hinein in Echtzeit und als Steuergrößen

Der Bedarf an analytischer Information auf Basis wissenschaftlich fundierter Messungen ist enorm gestiegen und wird mit dem Analysenzertifikat verantwortlich dokumentiert. Die Analytik ist so an jedem Schritt der chemisch/pharmazeutischen Wertschöpfungskette wesentlich beteiligt. Analytik bedeutet also nicht nur Kosten sondern auch Nutzen.

Dieser Wandel der Aufgaben bedeutet auch, dass Analytiker außerhalb der Hochschule weitere Kompetenzfelder mit abdecken oder zumindest verstehen müssen, an denen sie direkt oder indirekt beteiligt sind:
- Entwicklung, Ausformulieren und Umsetzen von Qualitätsmanagementsystemen
- Beherrschen von Laborinformationsmanagementsystemen für Logistik, Prozesskettensteuerung und Kennzahlen
- Elektronische Datenverarbeitung zur Gerätesteuerung, Messwerterfassung, Datenspeicherung, chemometrische Auswerteverfahren, Validierung von Gerätesystemen und regelkonformer Dokumentation
- Überprüfung der analytischen Aktivitäten im „strategischen Dreieck" der Analytik: Qualität – Kosten – Zeit

Aber auch die klassische Analytik wird sich weiter entwickeln:

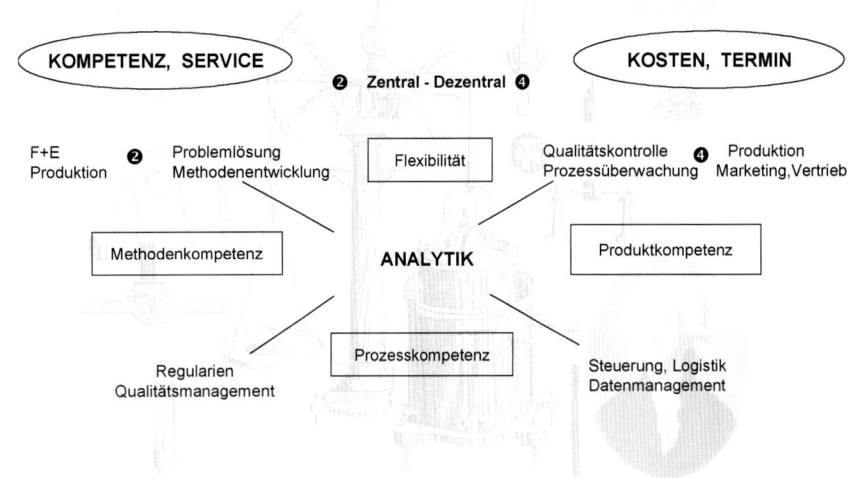

Spektrum der Aufgaben und Kompetenzen der Analytik und Qualitätskontrolle

- InProzess-Analytik
- Direkte Methoden möglichst ohne Probenvorbereitung
- Automatisierung und Kopplung von Methoden – chemometrische Auswertungen
- Erweiterung des dynamischen Bereichs
- Rückführbarkeit auf Referenzstandards und Naturkonstante

Seit Boyle, Priestley, Lavoisier, Dalton, Kirchoff und vielen anderen ist die chemische Analytik weite Wege gegangen. Eine Betrachtung der Nobelpreise in Chemie, Physik und Medizin zeigt, dass überproportional oft analytische Methoden honoriert wurden. Denn sie vertiefen oder schaffen neue Möglichkeiten, die Natur und die Zusammensetzung von Materie in Zeit und Raum zu erfassen und zu verstehen.

Auf die Umwelt kommt es an!

1 Auf die Umwelt kommt es an!

Wer will nicht wissen, welche chemischen Stoffe in welchen Konzentrationen in seiner Umwelt vorkommen? Denn nur wenn wir dieses genau wissen, können wir darüber entscheiden, ob wir die gemessenen Werte tolerieren können oder nicht. Schließlich macht – wie bereits der Arzt und Philosoph Paracelsus erkannte – erst die Dosis das Gift. Ob im Wasser, in der Luft oder im Boden – es gilt Stoffe in unserer Umwelt exakt nachzuweisen und zu bewerten. Denn wir wollen unsere Umwelt schützen und erhalten!

1.1 Automatisiertes Biosensor-Analysatorsystem spürt ökotoxikologische Stoffe auf

Ultrasensitive Wasseranalytik

1. Woche *Jens Tschmelak und Günter Gauglitz, Institut für Physikalische und Theoretische Chemie, Eberhard-Karls-Universität Tübingen*

Medikamenten-Cocktail im Trinkwasser – so wurde die Allgemeinheit im Sommer 2004 durch Spiegel-Online aufgerüttelt. Millionen Deutsche schlucken täglich Medikamente, der Rest landet tonnenweise in der Kanalisation. Natürlich ist die teilweise vorhandene Gewässerbelastung durch Pestizide aus der Landwirtschaft, durch Antibiotika in der Massentierhaltung und durch Hormone nicht unbedenklich. Übertriebene Äußerungen in den Medien sind jedoch nicht hilfreich.

Die Umweltüberwachung von Toxinen im Wasser stellt besondere Anforderungen an die Analytik. Biosensoren mit ihrem Potenzial einer schnellen, sensitiven und kostengünstigen Detektion werden jedoch diesen Anforderungen gerecht. Ökotoxikologische Stoffe, beispielsweise endokrin – also auf den Hormonhaushalt – wirksame Substanzen wie Weichmacher oder Ethinylestradiol aus der Pille, können in geringsten Konzentrationen überwacht werden. Auslöser für weltweite Forschungen auf diesem Gebiet waren Studien, die eine rückläufige Population der Alligatoren in Florida wegen Gonadendeformationen nachgewiesen hatten. Bestehende europäische Richtlinien und nationale Gesetzgebungen wurden erweitert. Man forderte, in Zukunft die Grenzwerte in Flüssen, Seen, Grund- und Trinkwasser zu überwachen – analog der Überwachung für Pestizide, deren Konzentration nicht größer als 0,1 Mikrogramm pro Liter sein darf.

Deshalb förderte die EU die Entwicklung automatisierter Biosensor-Analysatorsysteme speziell für die Wasseranalytik. Mit dem von uns entwickelten Analysator-System lassen sich gleichzeitig bis zu 32 Schadstoffe innerhalb von nur zehn bis zwölf Minuten bestimmen. Ein robustes tragbares Biosensorsystem mit Fluoreszenzanregung eines Immunoassays, Prozesssteuerung, Chemometrie und internetbasiertem Datenbanksystem in Kombination mit einer automatisierten Probennahme liefert die notwendige Präzision und Effizienz – auch bei komplexen Probenmatrizes in Feldtests.

Bei der Bestimmung von hormonell wirksamen Stoffen im Trink- und Grundwasser nutzt man auch die Gaschromatographie, gekoppelt mit der Massenspektrometrie. Hierbei ist meist eine zeit- und kostenintensive Probenvorbereitung mit einer Aufkonzentrierung um den Faktor 1.000 bis 10.000 notwendig, um Konzentrationen von ein bis fünf Nanogramm pro Liter mit Fehlern von 20 bis 50 Prozent zu

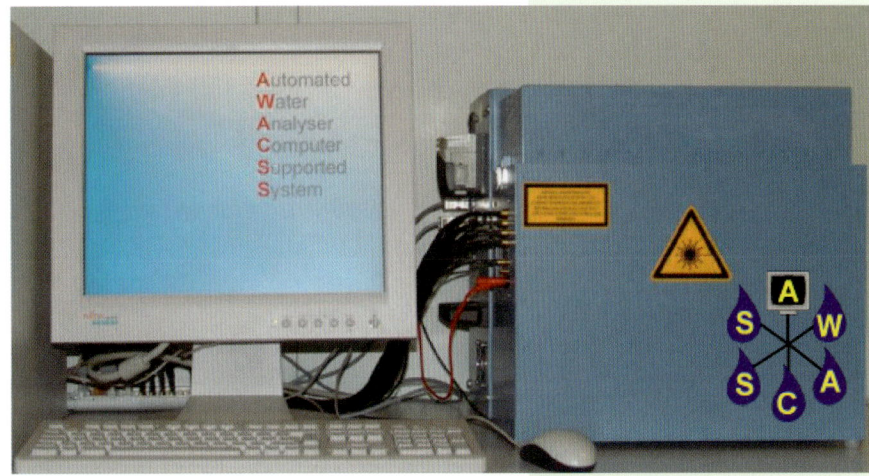

detektieren. Mit unserem System können mit 0,1 bis fünf Nanogramm pro Liter Schadstoffe im Abwasser direkt ohne Anreicherung und Probenvorbereitung nachgewiesen werden. Die Wiederfindungsraten liegen zwischen 70 und 120 Prozent und die Fehlergrenzen bei

Mit dem in Tübingen entwickelten Analysator-System AWACSS (Automated Water Analyser Computer Supported System) kann man innerhalb weniger Minuten bis zu 32 Schadstoffe im Wasser bestimmen

Kapitel 1 — Auf die Umwelt kommt es an!

maximal 20 Prozent der tatsächlichen Konzentration. Gemessen wurden folgende Verbindungen: Estradiol, Ethinylestradiol, Estriol, Testosteron, Estron, Progesteron, Bisphenol A, Atrazin, Isoproturon, Propanil sowie verschiedene Sulfonamide.

Vergleicht man diesen simultanen Nachweis verschiedener Substanzklassen mit klassischen Analysenmethoden, so stellt man fest, dass er bezüglich der Nachweisgrenzen vergleichbar oder sogar besser ist. Zudem ist er innerhalb einer erheblich kürzeren Zeit ohne Probenvorbereitung bei geringerem Aufwand an Geräten und Personal möglich. Trotzdem werden diese Biosensoren die klassischen Analysenverfahren nicht ersetzen. Sie sind vielmehr als ergänzende Screeningmethode gedacht. Das Marktpotenzial solcher Systeme ist jedoch durchaus interessant. Denn schließlich sind bis Ende 2007 für alle EU-Mitgliedstaaten Wasserüberwachungsprogramme gefordert.

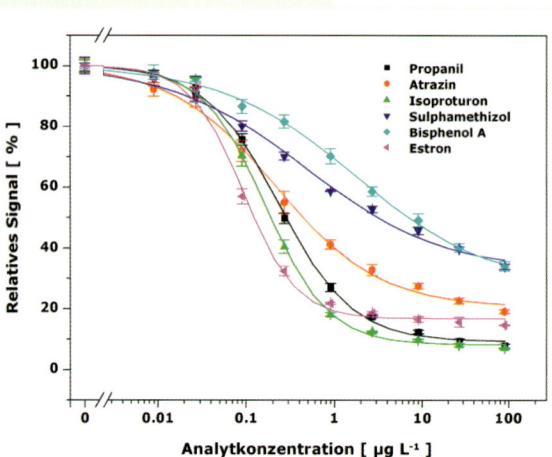

Typisches Ergebnis einer simultanen Multianalytkalibrierung mit Propanil, Atrazin, Isoproturon, Sulfamethizol, Bisphenol A und Estron

10. Woche

1.2 Strukturchemische Charakterisierung von komplexen Mischungen am Beispiel natürlicher organischer Materie (NOM)

Hochkomplexe Mischung

10. Woche *Norbert Hertkorn, Philippe Schmitt-Kopplin, GSF Forschungszentrum für Umwelt und Gesundheit, Institut für Ökologische Chemie*
Antonius Kettrup, Technische Universität München, Lehrstuhl für Ökologische Chemie und Umweltanalytik

Bedeutung von NOM in der Bio- und Geosphäre

Natürliche organische Materie (NOM) ist ein – hinsichtlich seiner Funktion und nicht primär hinsichtlich seiner Struktur – definiertes, hochkomplexes Gemisch aus organischen und einigen anorganischen Bestandteilen, das in terrestrischen, limnischen und marinen Ökosystemen vorkommt. NOM wird durch (bio)chemische Zersetzung von pflanzlichen und tierischen Überresten, durch mikrobielle Nutzung von Naturstoffen und Biopolymeren sowie durch abiotische Reaktionen gebildet. Die globale Menge an abbauresistentem – refraktärem – organischen Kohlenstoffs in Form von NOM liegt in der Größenordnung von Dreitausend Milliarden Tonnen. Sie übersteigt damit sehr deutlich sowohl die Menge sämtlicher industriell hergestellter organischer Verbindungen um mehrere Größenordnungen als auch jene der Vorläufer-Biomoleküle.

Um Herkunft, Reaktivität und Schicksal dieser ubiquitären Materialien aufzuklären, ist man auf eine leistungsfähige chemische Analytik angewiesen. Bis heute wird die vielfältige, aus einer (stereo)chemischen Strukturanalyse verfügbare geochemische Information nur unzureichend verstanden. NOM spielt eine kaum zu überschätzende Rolle in der Natur als wesentlicher Bestandteil des globalen Kreislaufes an Kohlenstoff und anderen Elementen wie Stickstoff, Phosphor, Schwefel oder Bor. NOM definiert im Wesentlichen die Bindungsform und Bioverfügbarkeit von toxischen und Nährstoff-Metallen sowie von organischen Verbindungen anthropogenen Ursprunges. Zudem ist NOM Vorläufer von Kohle und Erdöl. Organische Verbindungen in marinen Sedimenten und alten Böden archivieren detailliert die Naturgeschichte der Erde, auch in Abwesenheit makroskopischer Fossile. NOM ist die entscheidende gespeicherte Zwischenform von organischer Materie in der Geosphäre, die Aufschluss geben kann über anthropogene und natürliche Stoffströme. Gegenwärtig wird die Zusammensetzung von NOM durch die Zunahme der ultravioletten Strahlung sowie des atmosphärischen Gehaltes an Kohlendioxid beeinflusst.

In jüngerer Zeit wird NOM weniger als statischer Pool alter und refraktärer Substanzen angesehen. Vielmehr beinhaltet NOM ein hoch aktives, dynamisches Zusammenspiel organischer Moleküle, die über ein breites Kontinuum an Raum und Zeit untereinander sowie mit Spurenelementen und lebenden Organismen wechselwirken. NOM ist ein annähernd unbegrenzt verfügbarer natürlicher Rohstoff mit einem breiten Anwendungsspektrum in der Landwirtschaft, Umwelttechnik und Medizin.

Besonderheiten der strukturchemischen Analytik an polydispersen Materialien

Die Synthese von NOM aus biotischen und

Kompetenz in **Analytik**

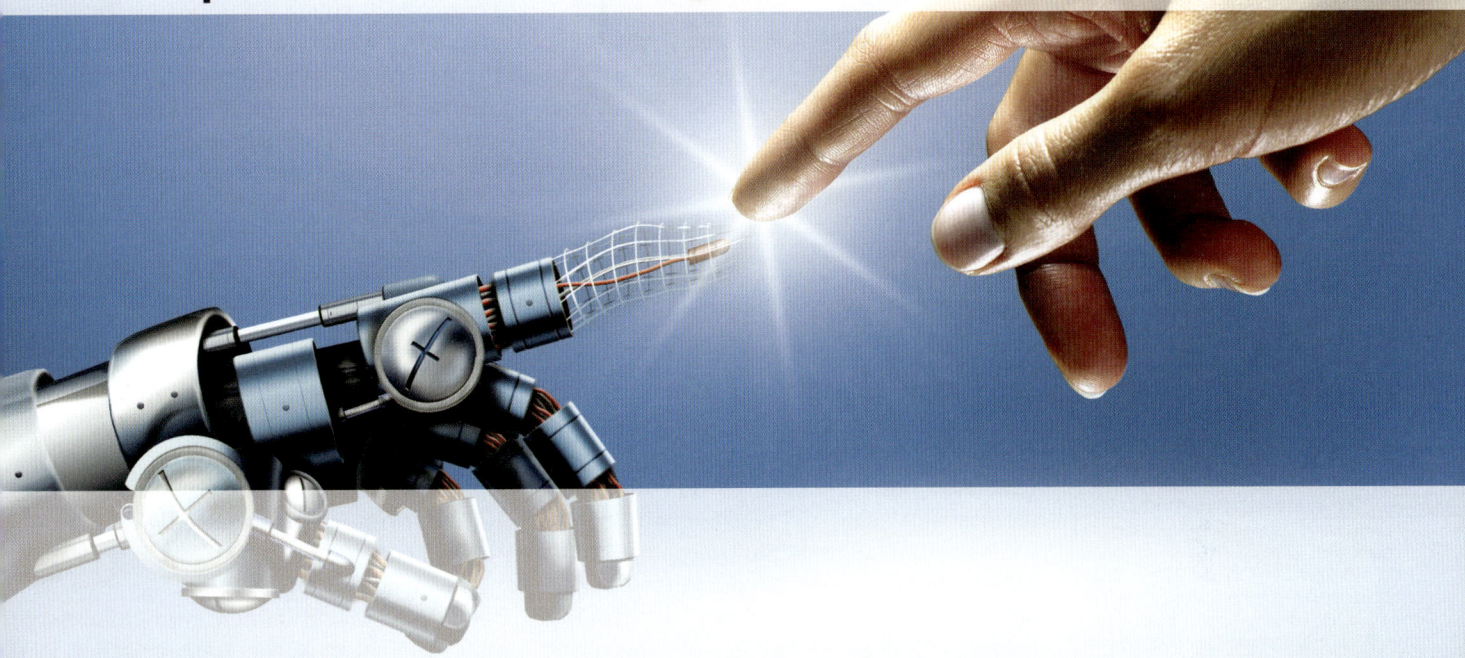

Wir bieten kompetente analytische Dienstleistungen aus einer Hand. Wir haben uns fokussiert auf die Analytik von Kosmetika, Kleb- und Dichtstoffen, Wasch- und Reinigungsmitteln sowie von chemisch-technischen Produkten. Profitieren auch Sie von unseren Erfahrungen.

analytik@henkel.com

Kapitel 1 — Auf die Umwelt kommt es an!

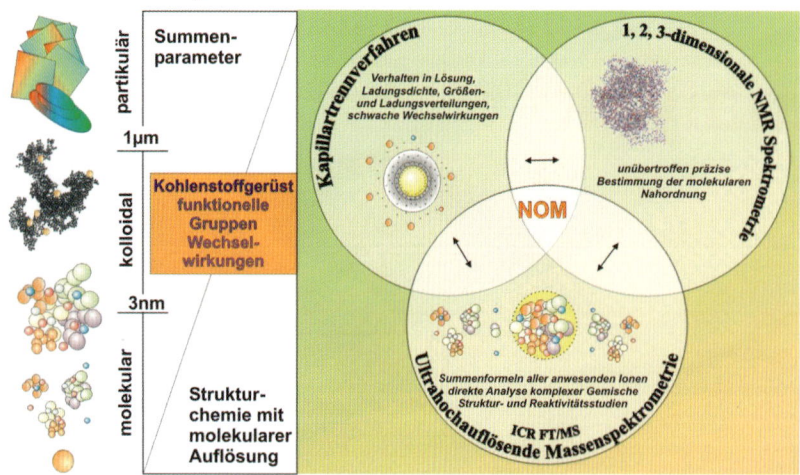

Komplementäre Verfahren der Analytik, die in Kombination eine weitgehende Charakterisierung komplexer Gemische mit molekularer Auflösung ermöglichen. Während NMR-Daten für die isotopenspezifische Erfassung der molekularen Nahordnung sowie die Quantifizierung chemischer Umgebungen entscheidende Informationen bereitstellen, liefern Massenspektren eine überragende Auflösung, die eine simultane Bestimmung von Summenformeln tausender Einzelkomponenten aus dem Gemisch ermöglicht. Einflüsse variabler Ionisierungseffizienz auf das Erscheinungsbild von Massenspektren können mittels einer Kombination von Trennmethoden, Massenspektrometrie und weiteren, unselektiven Detektionsverfahren erfasst werden. Sowohl elektrophoretische Mobilitäten, als auch chromatographische Retentionszeiten, liefern hoch relevante indirekte strukturchemische Information, die sich gezielt durch Variation der Trennbedingungen steuern lässt.

abiotischen Vorläufern folgt keinem genetischen Code, sondern den weniger spezifischen Vorgaben der Kinetik und Thermodynamik. Aus dem Blickwinkel der Analytiker repräsentiert NOM die strukturchemisch am weitesten diversifizierte Stoffklasse natürlicher organischer Polymere, die durch eine umfassende Polydispersität und eine ausgeprägte Irregularität ihrer Strukturen auf molekularer Ebene geprägt sind.

Die enorme Komplexität von NOM bedingt, dass eine aussagekräftige Strukturaufklärung nur durch eine Kombination komplementärer Methoden erreichbar ist. Nach unserer Überzeugung bietet die gemeinsame Analyse durch die drei hochkomplementären Methoden der Hochleistungstrennverfahren – Kapillarelektrophorese und Chromatographie –, Massenspektrometrie und Kernresonanz-Spektroskopie die besten Voraussetzungen für eine aussagekräftige Strukturanalyse von NOM.

Die an diesem hochkomplexen System gewonnenen Kenntnisse darüber, wie man analytische Methoden kombiniert und Struktur/Wirkungsbeziehungen erstellt, können im Allgemeinen sehr nutzbringend auf andere komplexe Systeme übertragen werden. Dies gilt für alle in den Lebenswissenschaften und in der Natur vorkommenden Systeme, deren Eigenschaften und Funktionen auf einem Zusammenwirken kovalenter und nicht-bindender Wechselwirkungen beruhen.

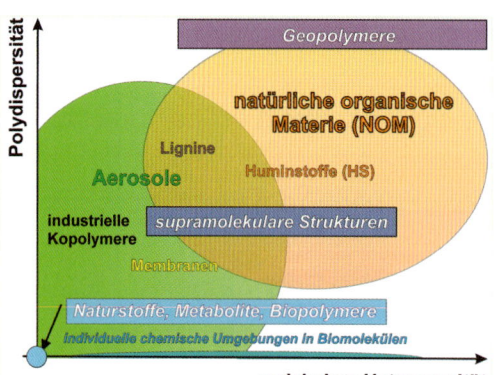

Hierarchische Ordnung der Komplexität der strukturchemischen Charakterisierung organischer Moleküle, bezogen auf ihre Polydispersität und molekulare Heterogenität. Während auch sehr komplexe Naturstoffe und Biopolymere wie etwa Multienzymkomplexe einheitliche Verbindungen sind, gelingt die Aufklärung etwa einer dreidimensionalen Proteinstruktur nur aufgrund der Unterschiedlichkeit der individuellen chemischen Umgebungen. Geopolymere weisen aufgrund der Strukturvielfalt der Vorläufer und Reaktionswege eine besonders ausgeprägte Polydispersität und molekulare Heterogenität auf. Die Hauptanforderungen einer strukturchemischen Charakterisierung eines komplexen Gemisches liegen in einer Bewertung der für die Analytik herangezogenen Verfahren.

1.3 Analytik von Quecksilber im Pikogramm-Bereich
Routine im Umweltlabor?
12. Woche *Gerhard Schlemmer, Analytik-Jena AG*

Bereits seit vielen Jahren wird Quecksilber routinemäßig im Konzentrationsbereich kleiner als ein Mikrogramm pro Liter in Umweltproben wie Trinkwasser oder Oberflächenwasser bestimmt. Trotz rigoroser Kontrollmaßnahmen in vielen Ländern dieser Erde steigt weltweit die Verunreinigung der Umwelt durch Quecksilber stetig an. Gemäß einer Studie des United Nations Environment Program (UNEP) übersteigt die Quecksilberverunreinigung die bisher angenommenen Werte und wird damit zu einem der kritischsten Elemente in Umwelt und biologischen Organismen. Studien haben gezeigt, dass sich sogar sehr geringe Mengen an Gesamtquecksilber in Gewässern in biologischen Organismen wie beispielsweise Fischen bis zum zehntausendfachen anreichern können. Damit ist die Bestimmung von Quecksilber im Bereich von einem Nanogramm pro Liter und darunter schon heute zu einer Aufgabe für Routinelaboratorien geworden.

Analytische Besonderheiten
Quecksilber ist, analytisch gesehen, ein einzigartiges Element. Es kann in Probelösungen aus dem kationisch gelösten Zustand reduziert und dann als gasförmiges Element ausgetrieben werden. Zudem verbindet es sich rasch mit anderen Metallen zu Amalgamen. Die analytischen Eigenschaften hängen sehr stark von den chemischen Eigenschaften ab. Deshalb muss das Element in stark oxidie-

Auf die Umwelt kommt es an!

Kapitel 1

renden Lösungen oder komplexiert in den Messlösungen vorliegen, um so Verluste und Verschleppungen zu verhindern. In reduzierter Form nimmt der Quecksilbergehalt durch Amalgamierung, Adsorption oder Verlust durch die Behälterwände vieler Kunststoffe rasch ab. Aufschlüsse fester Proben werden üblicherweise in geschlossenen Quarzgefäßen durchgeführt. Die chemischen Eigenschaften erlauben es andererseits, eine reduktive Abtrennung des Analyten aus den Messlösungen vorzunehmen und die anschließende Bestimmung mit höchster Spezifität mit Hilfe der Kaltdampftechnik durchzuführen. Da die Probenvorbehandlung für die Bestimmung von Quecksilber oft für das Element spezifisch durchgeführt wird, haben sich Einzelelementverfahren, insbesondere die Atomabsorptionsspektrokopie (AAS) oder die Atomfluoreszenz-Spektrometrie (AFS), als Bestimmungsmethoden der Wahl durchgesetzt.

Von der Probenlösung zur Messzelle

Zur Bestimmung von Gesamtquecksilber werden Festproben oxidierend eluiert oder gelöst, und flüssige Proben werden mit Oxidationsmittel versetzt, sodass die Messlösung nur zweifach positiv geladene Quecksilberionen enthält. Zur Stabilisierung des Kations werden starke Oxidationsmittel wie Dichromate, Permanganate oder Brom/Bromwasserstoff eingesetzt. Kriterium für das verwendete Oxidationsmittel ist neben der Probenart auch die angestrebte Nachweisgrenze. Für wässrige Proben hat sich mehr und mehr eine stark verdünnte Brom/Bromwasserstoff-Lösung in Salzsäure durchgesetzt, da die Ausgangssubstanzen Kaliumbromid und Kaliumbromat sehr rein verfügbar sind oder leicht gereinigt werden können. Dermaßen stabilisierte Lösungen sind auch in Kunststoffbehältern aus Polypropylen oder Fluorkohlenwasserstoffen über längere Zeiten hinweg stabil. Zweiwertiges Quecksilber wird aus saurem Medium mit Hilfe des realtiv milden Zinnchlorids reduziert. Der dabei entstehende metallische Quecksilberdampf wird mit einem Trägergas, üblicherweise Argon, aus der Lösung abgetrennt und direkt der Messzelle zugeführt. Alternativ können Selektivität und Nachweisvermögen weiter gesteigert werden, wenn das Analyt- Gas zunächst an einem Goldnetz angereichert, in einem zweiten Schritt thermisch desorbiert und dann in die Messzelle geführt wird. Die Fokussierung des Signals kann bis zu fünffach bessere Nachweisgrenzen bewirken. Allerdings bezahlt man die Steigerung analytischer Leistung mit längeren Analysezeiten. Bei Anreicherung größerer Probenvolumina kann die Leistungsfähigkeit der Methode solange gesteigert werden, bis die Nachweisgrenze durch die Standardabweichung des Blindwertes und nicht mehr durch photometrisches Rauschen bestimmt wird.

Automatisch arbeitende Kaltdampfsysteme arbeiten heute auf der Basis von Fließsystemen oder Fließinjektionssystemen. Probentransport, Reaktionsstrecke, Gas-Flüssig Separator und Gastransportwege beeinflussen die analytischen Qualitätsparameter in höchstem Maße. Diese sind insbesondere: kleine Probenvolumina, kurze Messzeiten, minimale Verschleppung von Quecksilber, gute Wiederholbarkeit im Bereich kleiner einem Prozent bei Bestimmungen im Bereich von größer dem zehnfachen der Bestimmungsgrenze, gute Langzeitstabilität und Toleranz gegenüber komplexer Matrix und größtmögliche Empfindlichkeit bei gleichzeitig geringem Rauschen.

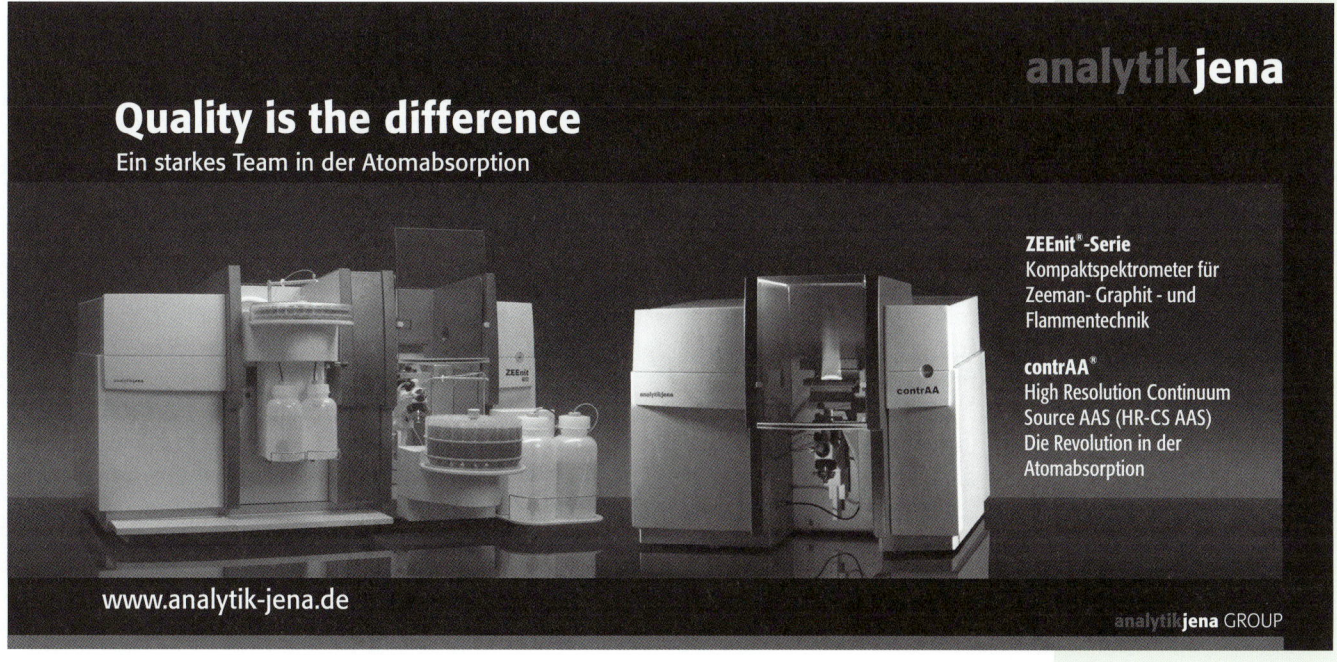

Kapitel 1 — Auf die Umwelt kommt es an!

19. Woche

Die Detektion:
Atomabsorption versus Atomfluoreszenz

Messsysteme auf Basis der Atomabsorption können klassische AAS, aber auch spezifisch nur für die Bestimmung von Quecksilber ausgelegte Systeme sein. Durch die Optimierung des Systems auf nur ein Element und den sehr einfachen optischen Weg kann man Bestimmungsgrenzen im Bereich von unter zehn Nanogramm pro Liter bei Direktmessung und unter einem Nanogramm pro Liter bei Amalgamierung erreichen.

Die AFS ist eine attraktive Alternative zur AAS. Die photometrische Nachweisgrenze ist bei Einsatz des gleichen Strahlers etwa eine Zehnerpotenz besser. Daher beruhen heute die nachweisstärksten spezifischen Quecksilberanalysatoren auf der Atomfluoreszenz. Die Atomfluoreszenz hat andererseits eine gegenüber der AAS zusätzliche potentielle Störung, das so genannte Quenching. Moleküle in der Messzelle, wie etwa Stickstoff oder Wasserstoff, können das Fluoreszenzsignal unterdrücken und so eine Interferenz bewirken. Damit wird die sorgfältige Abtrennung von potentiell störender Matrix besonders wichtig. Trotz dieser potentiellen Störung empfehlen sowohl die modernen US-amerikanischen wie auch die europäischen Normen die Atomfluoreszenz. Die dort geforderten Nachweisgrenzen von beispielsweise 0,2 und 0,5 Nanogramm pro Liter sind auch ein Beweis für den instrumentellen Fortschritt.

Analytische Qualität der Quecksilbermessungen

Die AFS liefert ein Emissionssignal, das linear proportional zur Anzahl der Atome in der Messzelle sowie zum Photonenfluss der Strahlungsquelle ist. Nahe der Nachweisgrenze ist bei der AFS der Photonenstrom minimal.

Bei Anreicherung am Goldnetz wird eine bestimmte absolute Masse an Quecksilber quantitativ aufgefangen und dann schlagartig thermisch freigesetzt. Dadurch wird eine erheblich höhere Atomdichte, und damit Signalhöhe, erreicht als bei der Direktbestimmung. Die Anreicherung am Goldnetz fokussiert das Quecksilbersignal zu etwa achtmal höheren Signalintensität. Eine weitere, proportionale Steigerung der Signalintensität ist möglich, wenn höhere Probenvolumina zur Reaktion gebracht werden.

Die Nachweisgrenzen der Methode liegen im Bereich von 0,3 Nanogramm pro Liter für das Verfahren ohne Anreicherung, und bei 0,06 Nanogramm pro Liter bei vorangehender Amalgamierung aus drei Milliliter Probelösung. Damit ist beispielsweise eine Quecksilberbestimmung in Oberflächengewässern sehr exakt möglich.

1.4 Neues Verfahren zur Analyse von Pentachlorphenol
Altlast im Holz

19. Woche *Irene Nehls und Roland Becker, Bundesanstalt für Materialforschung und -prüfung, Organisch-Chemische Analytik, Referenzmaterialien, Berlin*

Pentachlorphenol (PCP, C_6Cl_5OH) wurde wegen seiner fungiziden Eigenschaften über Jahrzehnte als Wirkstoff im Holz-, Leder und Textilschutz sowie in der Zellstoff-, Papier- und Pappeproduktion verwendet. In Deutschland war insbesondere die Verwendung von PCP als Holzschutzmittel verbreitet.

Seit Dezember 1989 gilt für Deutschland eine PCP-Verbotsverordnung und seit 1993 die Chemikalien-Verbotsverordnung, die die Herstellung, das Inverkehrbringen und die Verwendung von PCP oder PCP-haltigen Produkten untersagt. In den 90er Jahren – nach dem Abzug der Alliierten Truppen aus Berlin –, wurde an uns die Frage herangetragen, ob die zurückgebliebenen Munitionskisten problemlos entsorgt werden könnten oder ob sie möglicherweise zu viel PCP enthielten. Da kein Standardverfahren für die Bestimmung von PCP in Holz existierte, orientierten wir uns am Normverfahren zur Bestimmung von PCP in Leder. Die Grundlage für diese Methodenentwicklung bildeten die aus dem Kistenholz hergestellten Referenzmaterialien. Die Mahlung der Holzproben erfolgte – nach Versprödung mit flüssigem Stickstoff – mit Hilfe einer Rotorschneidmühle. Nach Siebfraktionierung und Anwendung verschiedener Homogenisierungstechniken erfolgte die Konfektionierung der benötigten Teilproben des Referenzmaterials und deren anschließende Lagerung bei minus 20 °Celsius.

Im Rahmen eines EU-Projektes wurde an der BAM ein zertifiziertes Referenzmaterial für die Bestimmung von Pentachlorphenol sowie von fünf ausgewählten polycyclischen aromatischen Kohlenwasserstoffen in Holz entwickelt das unter dem Namen BCR 683 – Abkürzung für PCP and PAHs in beech wood – vom EU-Forschungsinstitut IRMM im belgischen Geel angeboten wird.

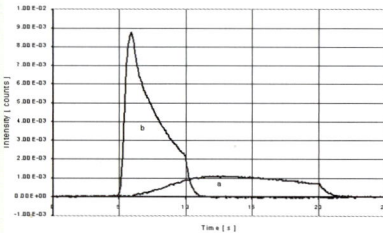

Zeitaufgelöste Signalintensität von einem Milliliter Lösung mit 10 Nanogramm Quecksilber pro Liter (10 Picogramm):
a) Direktbestimmung,
b) nach Amalgamierung

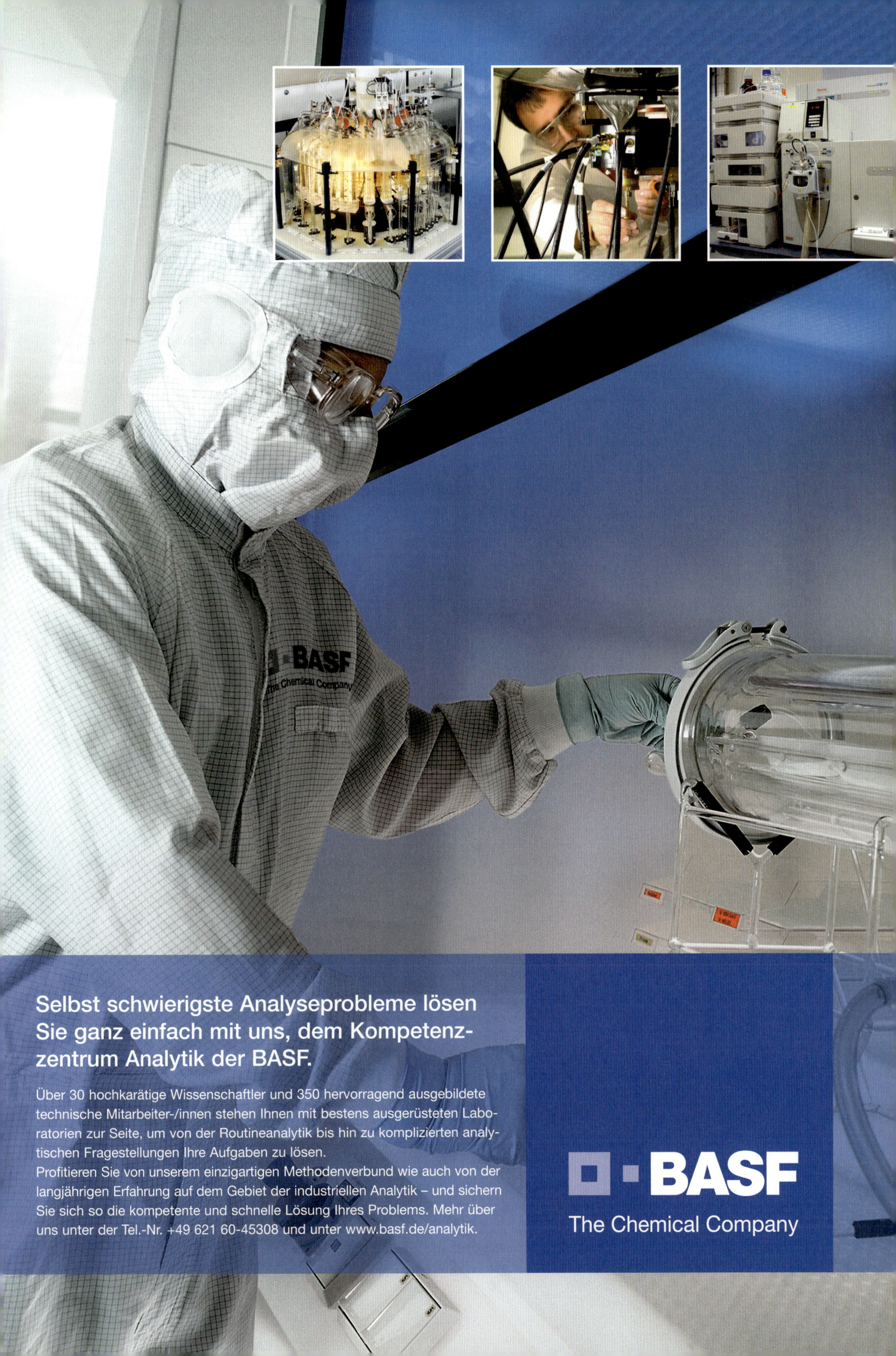
BASF
The Chemical Company
Selbst schwierigste Analyseprobleme lösen Sie ganz einfach mit uns, dem Kompetenzzentrum Analytik der BASF.
Über 30 hochkarätige Wissenschaftler und 350 hervorragend ausgebildete technische Mitarbeiter-/innen stehen Ihnen mit bestens ausgerüsteten Laboratorien zur Seite, um von der Routineanalytik bis hin zu komplizierten analytischen Fragestellungen Ihre Aufgaben zu lösen.
Profitieren Sie von unserem einzigartigen Methodenverbund wie auch von der langjährigen Erfahrung auf dem Gebiet der industriellen Analytik – und sichern Sie sich so die kompetente und schnelle Lösung Ihres Problems. Mehr über uns unter der Tel.-Nr. +49 621 60-45308 und unter www.basf.de/analytik.
BASF
The Chemical Company

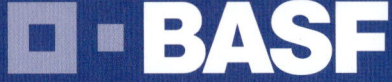

Kapitel 1   Auf die Umwelt kommt es an!

Eine gaschromatographische Methode zur quantitativen Bestimmung von Pentachlorphenol in Holz wurde an der Bundesanstalt für Materialforschung und -prüfung entwickelt.

Im Rahmen dieses Projektes haben wir die Präparationstechniken zur Herstellung homogener Holzproben optimiert und parallel dazu die Methoden im analytischen Labor bezüglich Extraktion, Derivatisierung und chromatographischer Bestimmungsmethode entwickelt. Für die Bearbeitung größerer Messreihen unter Wiederholbedingungen, wie sie etwa für Homogenitätsstudien erforderlich sind, erwies sich eine Extraktion mit Cyclohexan und eine „in situ"– Derivatisierung mittels beschleunigter Lösungsmittelextraktion (ASE) als vorteilhaft. Die quantitative Bestimmung erfolgte gaschromatographisch mit Elektroneneinfang-Detektion (GC-ECD). Bei der weiteren Methodenoptimierung ergaben aber Extraktionen mit Methanol – ultraschallunterstütze Extraktion oder ASE – mit nachfolgender „klassischer" Acetylierung die besten Wiederfindungsraten.

Die gesammelten Erfahrungen flossen in ein durch das Umweltbundesamt (UBA) gefördertes Projekt über den „Methodenvergleich zur Bestimmung von Pentachlorphenol in Holz" ein. Ziel war die Beschreibung und Validierung eines Referenzverfahrens zur Bestimmung von PCP für die „Verordnung über die Entsorgung von Altholz" (AltholzV). Dazu wurden 23 Laboratorien, darunter solche aus der holzverarbeitenden Industrie, zu einem Ringversuch eingeladen. Voraussetzung für die Teilnahme waren umfangreiche Erfahrungen mit PCP-Analysen in Holz, in der Regel mit Hilfe verschiedener so genannter Hausverfahren. Drei Referenzmaterialien, die einen Gehaltsbereich von zwei bis zwanzig Milligramm PCP je Kilogramm Holz abdeckten, wurden von jedem Teilnehmer untersucht. Sie verwendeten dazu sowohl das an der BAM entwickelte Verfahren der untraschallunterstützten Extraktion mit Methanol und anschließende Acetylierung als auch ein zweites unabhängiges Verfahren, die Extraktion mit Toluol.

Ihren vorläufigen Abschluss hat die Problematik „PCP in Holz" mit der Überführung unseres Verfahrens in die europäische Normung gefunden. Seit 2003 ist das Verfahren unter der Bezeichnung CEN/TR 14823:2003 als „Dauerhaftigkeit von Holz und Holzprodukten – Quantitative Bestimmung von Pentachlorphenol in Holz – Gaschromatographische Methode" für Europa beschrieben.

1.5 Dieselruß als Feinstaubproblem messtechnischer Art
Partikel zählen!

23. Woche   *Armin Messerer und Reinhard Nießner, Institut für Wasserchemie und Chemische Balneologie, Technische Universität München*

Spätestens ab 2008 werden die meisten Dieselfahrzeuge mit Rußfiltern oder speziellen Katalysatoren ausgestattet werden. Ob diese Maßnahmen die Feinstaubbelastung senken, wird das derzeitige Luft-Messnetz nicht zeigen können. Seine Empfindlichkeit gegenüber Rußaerosolen ist zu gering.

Feinstaubteilchen mit Durchmessern von wenigen Nanometern bis zu einigen Mikrometern sind zurzeit Gegenstand vieler Untersuchungen. Besonders die ultrafeinen Partikel, die bis in die Alveolen der Lunge vordringen können, gefährden die Gesundheit. Um die negativen Auswirkungen von Feinstaub zu vermindern, werden strengere Emissions- und Immissionsgrenzwerte diskutiert. Ein signifikanter Anteil des Feinstaubs stammt aus unvollständigen Verbrennungsprozessen, ein Großteil davon aus Dieselmotoren.

Hochauflösende Transmissionselektronenmikroskop-Aufnahme eines Dieselrußpartikelagglomerats

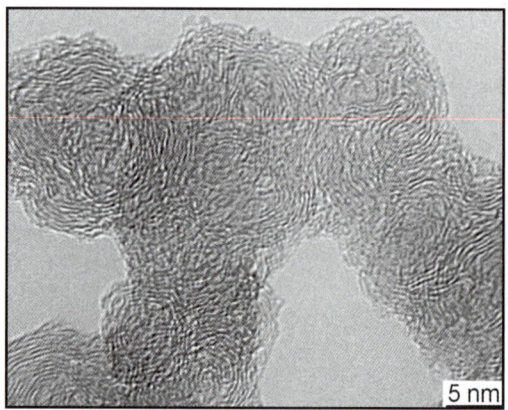

Rußteilchen: Fraktal-ähnliche Struktur und große Oberfläche
Dieselruß entsteht bei der inhomogenen Verbrennung des Kraftstoffs. Infolge hoher Temperaturen kommt es zu Crackprozessen und Dehydrierungsreaktionen und zur Bildung von Graphitschichten. Diese lagern sich zu Kristalliten zusammen und formen letztendlich Rußpartikel mit typischen Durchmessern von 15 bis 25 Nanometern. Im weiteren Verlauf der Verbrennung entstehen Fraktal-ähnliche Agglomerate aus bis zu einigen 100 dieser Pri-

märteilchen. Bedingt durch diese Agglomeratstruktur besitzen die Rußteilchen eine große spezifische Oberfläche von bis zu 250 Quadratmetern pro Gramm, die restliche Abgasbestandteile bindet. Diese große spezifische Oberfläche führt zu einer hohen inhalationstoxikologisch relevanten Wirkungsfläche der Rußpartikel.

Sinkende Emissionen

Aus der komplexen Abgaszusammensetzung und der Fraktal-ähnlichen Struktur der Rußagglomerate ergeben sich besondere Anforderungen an die quantitative Bestimmung der Rußpartikelemission, die bislang gravimetrisch erfolgt. Moderne Lkw-Dieselmotoren emittieren etwa Hundertmillionen Partikel pro Kubikzentimeter. In den kommenden Jahren werden sich diese Rohemissionen der Dieselmotoren derart verringern, dass die konventionelle gravimetrische Methode an ihre Grenzen stößt. Um die Emissionsgrenzwerte zu erfüllen, werden die meisten Dieselabgassysteme spätestens ab 2008 mit Dieselpartikelfiltern (DPF) oder speziellen Rußkatalysatoren (PM-Kat®) ausgestattet. Diese halten die Abgaspartikel durch Oberflächenfiltration auf einer Keramik-Waabenstruktur zu über 99 Prozent (DPF) oder durch Partialfiltration an Blechprägefiltern zu über 50 Prozent (PM-Kat®) zurück. Letztere haben den Vorteil, dass sie nicht so schnell verstopfen.

Die Analysenmethoden

Forscher und Entwickler der Kraftfahrzeugindustrie müssen vor allem die Quellen der partikulären Emission entschlüsseln, um gezielt Teil- und Filtrationsprozesse der dieselmotorischen Verbrennung zu optimieren. Das erfordert eine umfassende Messung der Emission und eine detaillierte chemisch-physikalische Charakterisierung der Partikel.

Mit der modernen photoakustischen Spektroskopie lässt sich die Masse des emittierten Rußkohlenstoffs spezifisch bei einer Frequenz von 10 Hertz zwischen etwa 5 Mikrogramm und 50 Milligramm pro Kubikmeter bestimmen. Damit kann man die geringen Rohemissionen zuverlässig vor und nach einem Filtersystem messen. So ermittelt man die Einhaltung des Emissionsgrenzwertes bei transienten Testzyklen, die bei der Simulierung des Fahrverhaltens öfters die Drehzahl und Last des Motors verändern. Da Ruß besonders beim schlagartigen Lastwechsel emittiert wird, muss man diese Emissionsspitzen auch messtechnisch erfassen.

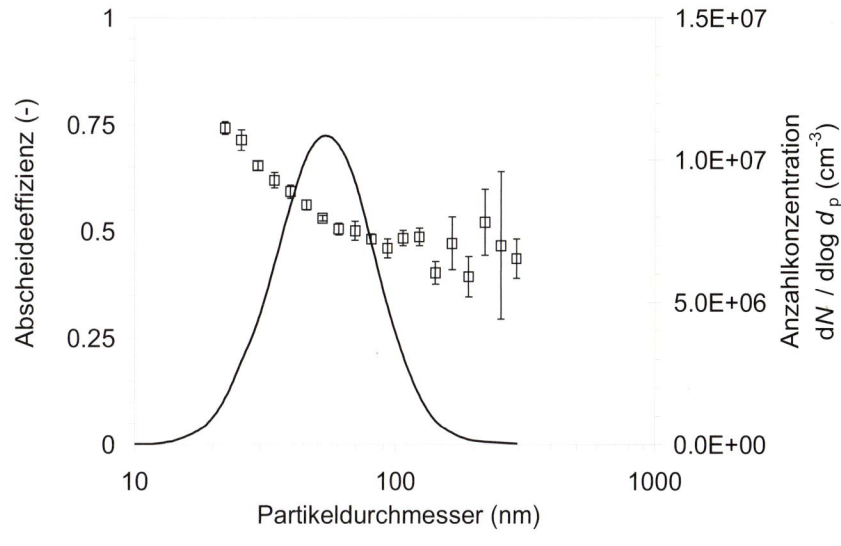

Abscheideeffizienz ([ ]) und Größenverteilung (-) von Rußpartikeln in einem PM-Katalysator.

Speziell für die Entwicklung und Optimierung von Partialfiltrationssystemen ist die größenaufgelöste Bestimmung der Abscheidung unerlässlich. Hier kommt ein Scanning Mobility Particle Sizer (SMPS) zum Einsatz. In einem zeitlich variierten elektrischen Feld klassifiziert er die Partikel materialunabhängig und detektiert sie anschließend in einem Kondensationskernzähler über die Lichtstreuung.

Zurzeit wird für Grenzwerte ab dem Jahr 2008 ein Partikelzahlbasiertes Messverfahren diskutiert. Es soll stärker als bisher berücksichtigen, dass die Wirkung von der Teilchenzahl und der damit verbundenen großen spezifischen Oberfläche abhängt.

Das Luft-Messnetz muss optimiert werden

Im Januar 2005 trat eine EU-Richtlinie in Kraft, die die Gesundheitsgefährdung in belasteten Gebieten vermindern soll. Sie erlaubt jährlich nur an 35 Tagen eine Überschreitung des Grenzwertes von 50 Mikrogramm Partikelmasse pro Kubikmeter Luft. Die in der Richtlinie vorgeschriebene gravimetrische Bestimmung der Partikelmassenkonzentration ist aufwändig. Um die Feinstaubbelastung online mit technisch vertretbarem Aufwand bei einer hohen geographischen Abdeckung zu messen, wurde die so genannte β-Staubabsorptionsmessung flächendeckend in Deutschland eingeführt. Problematisch ist, dass die β-Staubabsorption stark von der relativen Zusammensetzung der Elemente im Feinstaub und deren spezifischen Elementabsorptionen dominiert wird. Zur β-Absorption tragen hauptsächlich die schweren Elemente des Periodensystems bei. Die Empfindlichkeit der Methode gegenüber Kohlenstoff hingegen ist gering. Das heißt: Die Anwendung von Rußfiltern verspricht zwar eine Senkung der Luftbelastung mit Kohlenstoffaerosolen (Rußaerosolen). Deren Abnahme aber wird sich nicht in den Messnetzdaten zeigen. Um den Einfluss von Rußfiltern auf die tatsächliche Feinstaubbelastung zu bestimmen, müsste man streng genommen wieder die traditionelle gravimetrische Massenkonzentrationsbestimmung als Basismessverfahren wählen.

24. Woche

1.6 Anwendung von Summenparametern und spezifischer Einzelstoffanalytik zur Untersuchung von Schwimmbeckenwasser
Ungetrübte Badefreuden?

24. Woche *Christian Zwiener, Thomas Glauner und Fritz H. Frimmel, Engler-Bunte-Institut, Lehrstuhl für Wasserchemie, Universität Karlsruhe (TH)*

Die Erholung und Gesundheitsförderung durch Schwimmen in öffentlichen Bädern wird wesentlich durch eine gute Wasserqualität und die hygienische Sicherheit bestimmt. Mit mehr als 250 Millionen Besuchern im Jahr zählen öffentliche Bäder zu den beliebtesten kulturellen Einrichtungen in Deutschland.

Durch jeden Badegast gelangt eine Vielzahl von zum Teil pathogenen Mikroorganismen sowie etwa 1 bis 1,5 Gramm organischer Kohlenstoff in Form von Haut, Haaren, Kosmetika und Körperflüssigkeiten in das Schwimmbeckenwasser. Deshalb ist die Desinfektion des Beckenwassers mit Chlor sowie eine weitere Aufbereitung des im fast geschlossenen Kreislauf geführten Wassers durch Flockungsfiltration, Oxidation und/oder Aktivkohleadsorption eine wichtige Voraussetzung für die Erhaltung der Wasserqualität und der hygienischen Sicherheit. Bestimmte Nebenreaktionen der Desinfektion/Aufbereitung müssen dabei besonders beobachtet werden. Und zwar solche, bei denen sich so genannte – zum Teil sogar toxische – Desinfektionsnebenprodukte (DNP) bilden. Hierzu gehören vor allem die Trihalogenmethane (THM) mit Chloroform als wichtigstem Vertreter oder das starke Bakterienmutagen MX. Solche Verbindungen müssen identifiziert, überwacht und minimiert werden. Damit ist die Untersuchung und Beurteilung der technischen Prozesse und des Schwimmbeckenwassers eine der interessantesten und für die Gesundheit der Badenden wichtigsten Anwendungen moderner Analytik.

Grundsätzlich gibt es zwei Herangehensweisen, um die Wasserqualität oder die Wasserbelastung zu messen. Einmal über so genannte summarische Parameter oder Summenparameter, zum anderen über die Einzelstoffanalytik. Mit Hilfe der Summenparameter ist eine gemeinsame Stoffeigenschaft oder Wirkung oft großer Anteile komplexer Proben erfassbar. Beispiel für derartige Summenparameter sind der TOC, also der gesamte organisch gebundene Kohlenstoff – total organic carbon – sowie der AOX, also die an Aktivkohle adsorbierbaren organisch gebundenen Halogene Chlor, Brom und Iod. Mit dem TOC kann der Eintrag von organischen Stoffen ins Schwimmbeckenwasser beurteilt werden, mit dem AOX die Bildung halogenierter Reaktionsprodukte der Chlordesinfektion. Dabei sind jedoch keinerlei Aussagen über die Identität oder die Toxizität von Verbindungen möglich. Diese Aussagen können nur über die Einzelstoffanalytik – die zweite Herangehensweise – gemacht werden. Zur sensitiven und gezielten Bestimmung von Einzelstoffen, der so genannten Target-Analytik – wird meist die Kopplung von chromatographischer Trennung (Gas- oder Flüssigkeitschromatgraphie, GC oder LC) mit der Massenspektrometrie (MS) verwendet.

Die mutagene Verbindung MX
MX ist ein nach Chlorung entstehendes DNP. Es zeigt im so genannten Ames-Test die stärkste bekannte mutagene Wirkung und wirkt bereits in Konzentrationen von einigen Nanogramm pro Liter. MX und seine Analoga wurden nach Chlorung von in Wasser gelösten Huminstoffen sowie in Proben aus der Trinkwasseraufbereitung nachge-

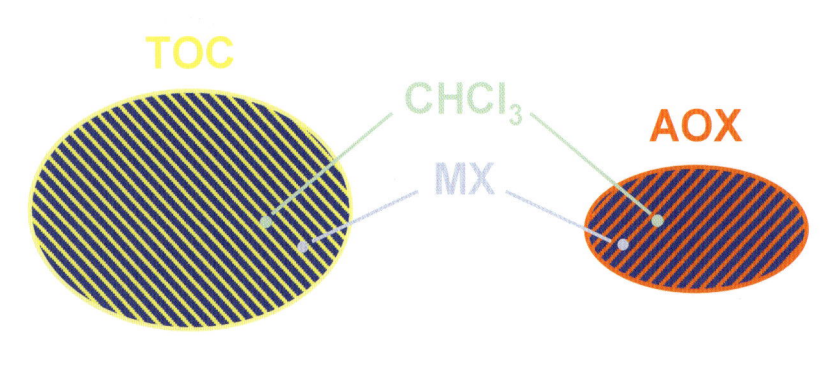

Die Einzelstoffe Chloroform und MX als Teilmengen der Summenparameter TOC und AOX.

HPLC/GC/AAS
Originalteile
Ersatzteile
Zubehör

Vials/Caps
Dichtungen
Deuterium- und
Xenonlampen
Kolben
Säulen
Septen
Spritzen
Ventile

Kalibrierung
Service
Qualifizierung
Reparatur

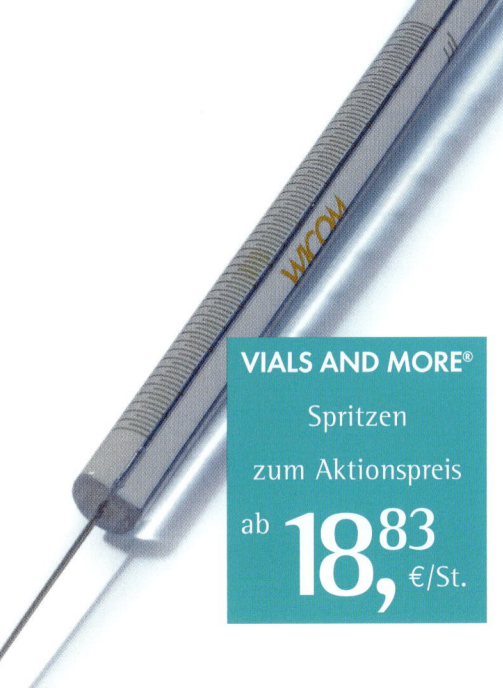

VIALS AND MORE®
Spritzen
zum Aktionspreis
ab **18,83** €/St.

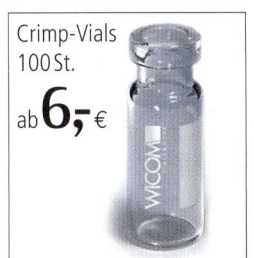

Crimp-Vials
100 St.
ab **6,-** €

Deuteriumlampe
z. B. für Hitachi/Merck™
ab **332,-** €

Pipettenspitzen
1000St.
ab **8,80** €

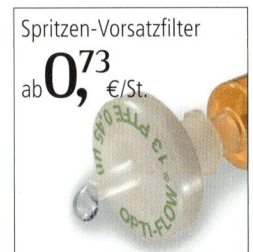

Spritzen-Vorsatzfilter
ab **0,73** €/St.

KOMPETENT, SCHNELL, PREISWERT FÜRS LABOR

➤ WICOM Originalersatzteile ➤ HPLC/GC/AAS Ersatzteile ➤ WICOM Logistik ➤ WICOM Reparaturservice ➤ WICOM Austauschservice
Deutschland ➤ Tel. + 49-6252-910800 ➤ Fax + 49-6252-910805 Schweiz ➤ Tel. + 41-8130 27 74 ➤ Fax + 41-813027 743 ➤ www.wicom.de

Fragen Sie auch nach
unseren Sonderangeboten
Österreich/Schweiz.

Fordern Sie unseren neuen Katalog 2006 unter info@wicom.de an.

Kapitel 1 Auf die Umwelt kommt es an!

25. Woche

wiesen. Bisher sind keine Untersuchungen von MX im Schwimmbeckenwasser bekannt.

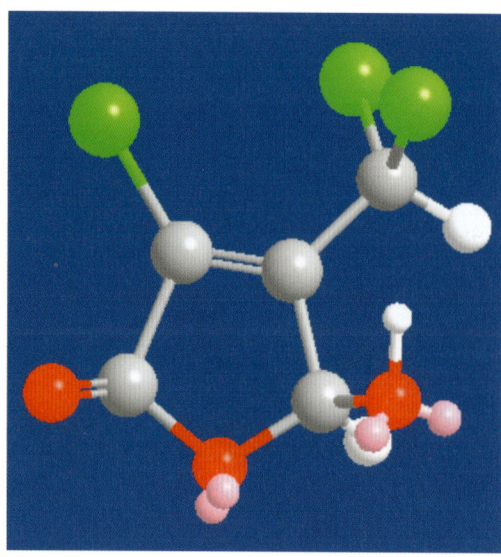

Strukturformel für MX (3-Chlor-4-(dichlormethyl)-5-hydroxy-furanon-2)

Zum Nachweis von MX müssen die Proben nicht nur sehr stark angereichert werden, sondern es ist auch eine selektive Analytik notwendig, die wir mit Hilfe der GC-Tandemmassenspektrometrie in einer Ionenfalle (iontrap MS) verwirklichen konnten. Die Selektivität der massenspektrometrischen Bestimmung wird durch ausgewählte MS-MS-Fragmentierung erhöht.

UV-Filtersubstanzen (UFiS) gehören zu einer weiteren Stoffgruppe, die von Badegästen über Sonnenschutzmittel ins Wasser eingetragen werden können. Ihr Eintrag in das Schwimmbeckenwasser eines Freibads kann bei durchschnittlich 1000 bis 2000 Besuchern pro Tag auf mehrere Kilogramm täglich geschätzt werden. Um Informationen über den Verbleib der UV-Filter zu erhalten, wurde das AOX- und THM-Bildungspotential verschiedener UV-Filter bei der Reaktion mit Chlor in wässriger Lösung bestimmt. Einige UFiS aus den Klassen der Benzophenone und Dibenzoylmethane weisen ein hohes THM-Bildungspotential von bis zu 200 Mikrogramm Chloroform pro Milligramm Kohlenstoff auf. Zwischenprodukte der Reaktion von Chlor mit den UFiS konnten mit LC-MS-MS beobachtet und deren chemische Struktur über kollisionsinduzierte Fragmentierung (MS-MS) zugeordnet werden.

1.7 Eine Herausforderung von der Probennahme bis zur analytischen Bestimmung
Umweltanalytik in Äthiopien

25. Woche *Bernd W. Wenclawiak, Universität Siegen, Analytische Chemie*

Um die Belastung der Umwelt gezielt zu überwachen, fehlt es Ländern der dritten Welt oft an geeignet ausgestatteten Laboratorien, an qualifiziertem Personal, an Geld und an Gesetzen. So sind zum Beispiel Informationen zum Thema Umweltbelastung in Äthiopien so gut wie nicht vorhanden. Die Umweltressourcen wie Boden und Wasser sind jedoch von hoher Wichtigkeit für die einheimische Bevölkerung. Denn große Teile der Bevölkerung sind ausschließlich abhängig von der Landwirtschaft. Und Trinkwasser fehlt in großen Teilen des Landes.

Wir konzentrieren uns in unserer Arbeit vor allem darauf, den größten Binnensee im Süden Äthiopiens, den Lake Abaya, zu untersuchen. Seinen Zuflüssen entnimmt die einheimische Bevölkerung ihr Trinkwasser. Und auch der Fischfang im Lake Abaya dient ihnen – noch – als wichtige Eiweißquelle.

Um erste Informationen über die Belastung des Sees zu erhalten, haben wir im Rahmen eines Projekts der Deutschen Forschungsgemeinschaft Sedimentbohrkerne aus dem Lake Abaya sowie Bodenproben aus seiner Umgebung genommen und diese auf Insektizide und Schwermetalle untersucht. Uns interessiert dabei vor allem das Vorkommen des kostengünstigen Insektizids Dichlordiphenyltrichlorethan (DDT).

Denn DDT wird in Äthiopien nach wie vor legal und in großen Mengen zur Malariavorbeugung und -bekämpfung verwendet. Es ist sehr langlebig und wandelt sich je nach der Umgebung innerhalb von Jahren bis Jahrzehnten im Wesentlichen in seine Hauptmetabolite Dichlordiphenyldichlorethan (DDD) und Dichlordiphenyldichlorethen (DDE) um. Man nimmt an, dass die DDT-Verbindungen ein ökotoxikologisches Potential besitzen. Deshalb gibt es inzwischen ein weltweites Verbot für die Verwendung von DDT – mit einer Ausnahme: Zur Malariavorbeugung darf DDT verwendet werden. In Afrika werden große Mengen DDT – bis zu zwei Gramm pro Quadratmeter – bevorzugt in den Innenräumen der Wohnhäuser versprüht.

Auf die Umwelt kommt es an!

Kapitel 1

DDT (Dichlordiphenyltrichlorethan) (links) und seine Abbauprodukte DDD (Dichlordiphenyldichlorethan) (mitte) und DDE (Dichlordiphenyldichlorethen) (rechts)

Messmethoden

Um die Sediment- und Bodenproben untersuchen zu können, mussten wir zunächst anspruchsvolle Messmethoden entwickeln und validieren. Schließlich ging es darum, Konzentrationen von wenigen Mikrogramm in einem Kilogramm nachzuweisen. Dies war besonders schwierig, da die Kontaminationen in der Umwelt ebenfalls in dieser Größenordnung vorliegen.

Zur Messung von DDT und seinen Metaboliten müssen diese zunächst aus den Sedimenten und Böden isoliert werden. Dabei interessiert uns besonders der Einfluss der Probenvorbereitung auf das Messergebnis sowie die Wirtschaftlichkeit und die Umweltfreundlichkeit des Extraktionsverfahrens. Deshalb haben wir verschiedene Probenvorbereitungsmethoden – wie etwa die Ultraschallextraktion zur Isolierung der zu analysierenden Substanzen aus der Probenmatrix – miteinander verglichen und optimiert. Die Extraktinhalte haben wir zunächst mit Hilfe der Gaschromatographie-Massenspektrometrie-Technik (GC-MS) getrennt und die Schwermetalle nach Mikrowellenaufschluss anschließend mittels Induktiv gekoppelter Plasma Emissionsspektroskopie (ICP-OES) analysiert. Dabei muss man zwischen natürlichem – geogenem – und nicht natürlichem – anthropogenem – Anteil unterscheiden.

Vorbereitung der DDT-Sprühlösung: DDT-Pulver wird über dem offenen Feuer in Kerosin aufgelöst (0,5 Kilogramm pro Liter). Die Prozedur wird alle sechs Monate durchgeführt.

Ergebnisse

Wir konnten DDT und seine Abbauprodukte DDD und DDE in allen Sediment- und Bodenproben aus dem Einzugsgebiet des Lake Abaya nachweisen. Dabei sind die Konzentrationen an DDTs sehr unterschiedlich, abhängig von der Herkunft der Proben. In Bodenproben aus Siedlungen haben wir die höchsten Konzentrationen gemessen. Sie lagen bei 0,071 bis zu 3,39 Milligramm pro Kilogramm. Die Schwermetallbelastung ist dagegen vergleichsweise gering. Sie lag in der Regel bei wenigen Milligramm pro Kilogramm und damit deutlich unter den in der Klärschlammverordnung festgelegten Grenzwerten. Der größte Teil der Schwermetalle ist fest an die Sediment- und Bodenmatrix gebunden – ein Hinweis darauf, dass hohe Anteile der gefundenen Schwermetalle natürlichen Ursprungs sind.

1.8 Schwefelanalyse in schwefelfreien Kraftstoffen
Schwefelarm – schwefelfrei – ganz ohne Schwefel?

31. Woche *Jan T. Andersson, Institut für Anorganische und Analytische Chemie, Westfälische Wilhelms-Universität Münster*

Alle kennen den Begriff „saurer Regen" – Schwefelsäure, die aus den Verbrennungsprodukten von schwefelhaltigen Stoffen entsteht, gelangt mit dem Regen auf die Erde. Um sauerem Regen vorzubeugen, gibt es in vielen Ländern niedrige Grenzwerte für den Schwefel in Kraftstoffen. So dürfen in der EU kein Benzin und kein Diesel verkauft werden, die mehr als 50 Mikrogramm Schwefel pro Gramm enthalten. Das entspricht 50 Teilen Schwefel pro eine Million Teile (ppm, parts per million).

Eine niedrige Schwefelkonzentration in Kraftstoffen ist noch aus einem anderen Grund von

31. Woche

Kapitel 1 Auf die Umwelt kommt es an!

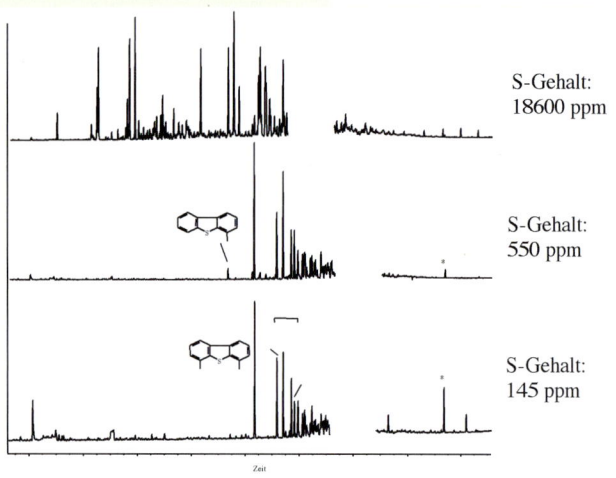

S-Gehalt: 18600 ppm

S-Gehalt: 550 ppm

S-Gehalt: 145 ppm

Dieses Gaschromatogramm eines Dieselkarftstoffs zeigt, dass sowohl die Anzahl der Schwefelverbindungen als auch ihre Konzentrationen geringer werden, wenn der Kraftstoff entschwefelt wird. In den beiden unteren Chromatogrammen sind zwei besonders schwer zu entschwefelnde aromatische Verbindungen eingezeichnet: 4-Methyldibenzothiophen und 4,6-Dimethyldibenzothiophen.

Ein Beispiel für einen schwefelselektiven Detektor ist der Atomemissionsdetektor: Die Analyten verlassen die Trennsäule und gelangen in ein heißes Heliumplasma, wo sie atomisiert und die Atome angeregt werden. Die Anregungsenergie kann in Form von Licht abgegeben werden, wobei jedes Element Licht typischer Wellenlängen ausstrahlt. Filtert man alle nicht erwünschten Wellenlängen heraus und lässt das übriggebliebene Licht – für Schwefel bei der Wellenlänge 181 Nanometer – auf ein Diodenfeld fallen, bekommt man ein elementselektives Chromatogramm (Abdruck mit Genemigung Agilent Technologies Deutschland)

Vorteil. Denn Schwefel adsorbiert auf der Oberfläche von Edelmetallkatalysatoren. Bei zuviel Schwefel verlieren die in Dreiwegkatalysatoren eingesetzten Metalle der Platingruppe an Wirkung. Auch für Brennstoffzellen ist es wichtig, dass in Kraftstoffen nur Spuren von Schwefel vorhanden sind. Denn auch sie nutzen Edelmetalle für die Wasserstoffherstellung aus Benzin.

Ein Kraftstoff mit weniger als 50 Mikrogramm Schwefel pro Gramm bezeichnet man als „schwefelarm" und mit weniger als 10 Mikrogramm Schwefel pro Gramm als „schwefelfrei". Da jedoch viele wichtige Erdöle mehrere Prozent an Schwefel aufweisen, können diese niedrigen Werte nur durch einen chemischen Prozess in den Raffinerien erreicht werden. Am häufigsten wird ein katalytischer Entschwefelungsprozess benutzt. Hierbei wird Wasserstoff bei erhöhter Temperatur und Druck eingesetzt, um den Schwefel als Schwefelwasserstoff zu entfernen.

Natürlich müssen die genannten Grenzwerte überwacht werden. Bei Routineuntersuchungen setzt man mehrere, prinzipiell unterschiedliche, Techniken ein. Wesentliches Unterscheidungsmerkmal der Techniken ist, ob die Probe bei der Untersuchung zerstört wird oder nicht. Eine zerstörungsfreie Technik wäre zum Beispiel die Röntgenfluoreszenzanalyse, die keine aufwendige Probenvorbereitung benötigt. Eine chemische Umwandlung zerstört dagegen die Probe. Ein Beispiel dafür wäre die Verbrennung der Probe, um den Schwefel in eine messtechnisch günstige Form wie Schwefeldioxid zu überführen. Dies gilt für die UV-Fluoreszenz und Infrarotmessungen.

Jede Technik bietet Vorteile aber auch Nachteile. Genauigkeit, Präzision (Wiederholbarkeit), Bestimmungsgrenze, Blindwerte – besonders problematisch bei den hier aktuellen niedrigen Konzentrationen – aber auch Schnelligkeit und Preis einer Analyse können entscheidend sein.

Röntgenfluoreszenzanalyse (RFA)

Für Schwefeluntersuchungen nutzt man sowohl die energiedispersive als auch die wellenlängendispersive RFA und erhält für Konzentrationen von über 50 Mikrogramm Schwefel pro Gramm gute Ergebnisse. Die Probenvorbereitung ist minimal und die Messung braucht nur Minuten. Nachteil: Bei niedrigen Schwefelkonzentrationen ist die Präzision nicht sehr gut.

UV-Fluoreszenz

Um Schwefel mit Hilfe der UV-Fluoreszenz zu analysieren, wird er zunächst in einigen Mikrolitern der flüssigen Probe mit Sauerstoff bei über 1.000 °Celsius zu Schwefeldioxid oxidiert. UV-Strahlung mit einer Wellenlänge von 213,8 Nanometern regt die Schwefeldioxid-Moleküle zur Fluoreszenz an, die anschließend gemessen wird. Die Nachweisgrenze liegt deutlich unterhalb von 1 Mikrogramm Schwefel pro Gramm in der Probe. Eine ähnliche Verbrennung mit nachfolgender Infrarotmessung des Schwefeldioxids ist auch möglich.

Die Techniken, die die Bildung von Schwefeldioxid durch Verbrennung des Kraftstoffes voraussetzen, können auch für die Messung dieses Gases in der Atmosphäre oder in den Gasen aus Vulkanen, so genanntes remote sensing, oder in Verbrennungsprozessen eingesetzt werden.

Für exakte Messungen wird die Probe mit anderen Techniken gemessen, die auch im niedrigen Konzentrationsbereich funktionieren. Hierzu gehören die Isotopenverdünnungsanalyse/Massenspektrometrie oder das induktive gekoppelte Plasma mit der Massenspektrometrie (ICP-MS). Um die Konzentration einzelner Schwefelverbindungen zu untersuchen, nutzt man die Gaschromatographie, oft mit einem schwefelselektiven Detektor.

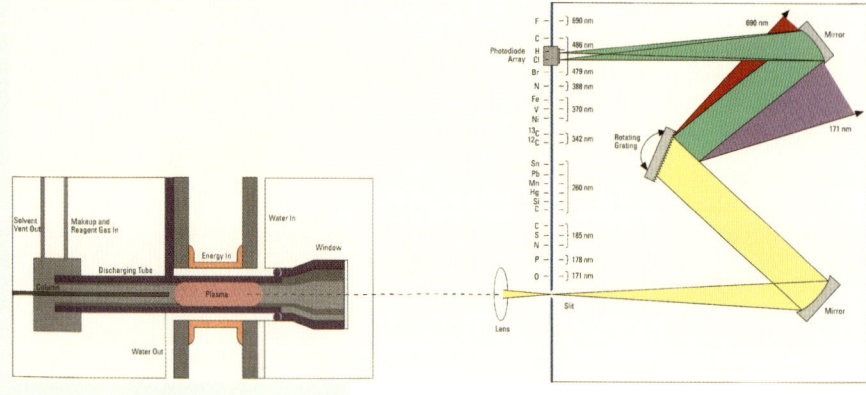

Auf die Umwelt kommt es an!

1.9 Analyse eines ökotoxikologischen Problems
Luft, Wasser und Flussperlmuscheln

32. Woche *Hartmut Frank und Silke Gerstmann, Umweltchemie und Ökotoxikologie, Universität Bayreuth*

Was hat Luft mit Wasser zu tun? Und wieso Flussperlmuscheln? Die Rote Liste der bedrohten Tierarten weist zahlreiche im Wasser lebende Mollusken aus, Schnecken und Muscheln, die vom Aussterben bedroht sind. Diese Tiere führen ein Dasein im Verborgenen: nur die Flussperlmuschel hat als kulturell interessante Spezies mehr öffentliches Interesse auf sich gezogen, inklusive einer Briefmarke. Gerade Flussperlmuscheln sind für uns interessant, leben sie doch ungefähr so lang wie ein Mensch, circa 100 Jahre. In den nördlichsten Gebieten Finnlands und Russlands gibt es noch vitale Populationen, in den gemäßigten Klimazonen sind die Bestände überaltert, Jungtiere gibt es keine. Der seit der Mitte des vorigen Jahrhunderts beobachtete Rückgang der Art stimmt zeitlich überein mit steigenden Emissionen atmosphärisch ubiquitär verteilter Fremdstoffe. Welchen Anteil haben persistente organische Verbindungen und in geringen Dosen toxische Schwermetalle am Rückgang der Flussperlmuscheln?

Muscheln stehen im intimen Kontakt mit ihrer Umwelt und sind deswegen besonders empfindliche Anzeiger von Veränderungen jeder Art, und natürlich auch besonders gefährdet. Zum Verständnis der eng verwobenen Prozesse der Dynamik natürlicher und menschengemachter Stoffe sind empfindliche analytische Methoden notwendig, die für möglichst viele Stoffe gleichzeitig zuverlässige quantitative Daten liefern. Wie in fast keinem anderen Feld gilt hier, was Carl Djerassi im Bühnenstück „Oxygen" Lavoisier sagen lässt: „Die analytische Chemie ist eine strenge Geliebte".

Unser wissenschaftliches Interesse liegt darin, anhand quantitativer Veränderungen die Quellen von Fremdstoffen, ihre Verteilung und ihre Senken zu verfolgen, und aufzuklären, wann, wo und in wie weit sie ökotoxikologisch relevante Konzentrationen überschreiten und welche Effekte sie haben. Da nicht die gesamte stoffliche Umwelt erfasst werden kann, konzentrieren wir uns auf problematische Halogen-Kohlenwasserstoffe und Schwermetalle. Der Atmosphäre kommt dabei eine besondere Bedeutung zu, da über sie Fremdstoffe rasch und weiträumig verteilt und durch Niederschlag und Staub in industrieferne Regionen gebracht werden. Typische Beispiele sind Cadmium und Blei; beide findet man mit Hilfe der Isotachophorese/Kapillar-Elektrophorese in Schnee und Regen noch immer in erstaunlich hohen Konzentrationen. Ein anderes Beispiel ist Monochloracetat (MCA), das zur Herstellung von Carboxymethylcellulose als Vergrauungsinhibitor in Waschmitteln verwendet wird. Die industriellen Emissionen sind vernachlässigbar gering, dennoch übersteigen die Konzentrationen in Regen und Nebel oft akute Toxizitätsgrenzen für Algen. Mit Hilfe der GC-NCI-MS kann dies nachgewiesen werden. MCA wird vermutlich in der Atmosphäre sekundär gebildet, vor allem aus Ethen, das sowohl von Pflanzen emittiert wird als auch aus menschlichen Quellen stammt, etwa aus Verbrennungsprozessen.

Perfluorierte Tenside, die bei der Gewässerbelastung ebenfalls eine Rolle spielen, sind durch ihre hohe chemische Stabilität und besonderen Adsorptionseigenschaften für spezielle technische Anwendungen bei Oberflächenbehandlungen attraktiv. Allerdings können ihre weite Verbreitung und ihre Persistenz Risiken bedingen; zur Aufklärung der Eintrags- und Verteilungswege werden ihre Konzentrationen in Hydro- und Biosphäre durch Flüssigchromatographie kombiniert mit der Elektrospray-Ionisations-Massenspektrometrie (LC-ESI-MS/MS) bestimmt.

Luft, Wasser, Flussperlmuschel, so zusammenhanglos dies anfangs erscheinen mag, haben vieles gemeinsam. Spurenanalytische Methoden spielen dabei eine zentrale Rolle. Die Qualität der Daten ist besonders wichtig, da es oft um die Frage geht, wer ist der Verursacher, und welche Konsequenzen müssen gezogen werden.

Flussperlmuscheln

Kapitel 1 — Auf die Umwelt kommt es an!

49. Woche

1.10 Zur Belastung von Gewässern mit Toxinen cyanobakteriellen Ursprungs
Blaualgenblüte in deutschen Seen

49. Woche *Susann Hiller und Bernd Luckas, Friedrich-Schiller-Universität Jena, Institut für Ernährungswissenschaften, Lehrstuhl Lebensmittelchemie*

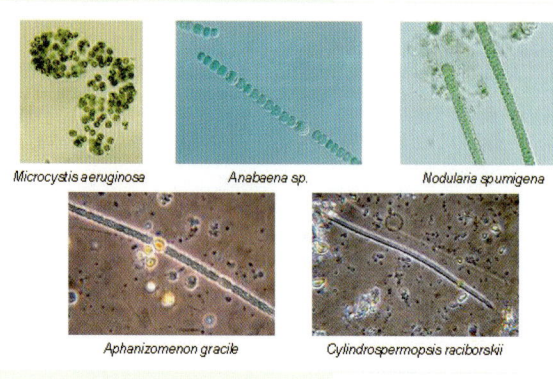

Ausgewählte Vertreter von Cyanobakterien

Cyanobakterien, auch als Blaualgen (bluegreens) bezeichnet, wachsen vorwiegend in Binnenseen und im Brackwasser. Insbesondere bei erhöhten Wassertemperaturen und bei hohen Nährstoffgehalten kann es zur Bildung von Algenteppichen kommen. Hierbei ist die Produktion von Substanzen mit stark toxischer Wirkung gegenüber Menschen und Tieren ein gravierendes Problem, denn cyanobakterielle Toxine können sowohl über das Trinkwasser als auch über Toxine akkumulierende aquatische Lebewesen aufgenommen werden. Dadurch kann es zu schweren Erkrankungen kommen. Unter den cyanobakteriellen Toxinen dominieren die Hepatotoxine, wie Microcystine und Nodularin. Daneben sind weitere Toxine von Bedeutung: Dazu gehören die Neurotoxine Anatoxin und Paralytic Shellfish Poisoning (PSP)–Toxine sowie Cytotoxine wie Cylindrospermopsin, die von einer Reihe von Blaualgen gebildet werden.

Vergiftungsfälle
Über Intoxikationen des Menschen durch cyanobakterielle Toxine wurde und wird weltweit berichtet. In Deutschland sind allerdings noch keine durch Algentoxine bedingte Vergiftungsfälle aufgetreten. Jedoch wurden in den Jahren 1963, 1974 und 1985 massive Nodularia-Blüten in der Ostsee, einhergehend mit Vergiftungen und Todesfällen von Tieren, beobachtet.

Blaualgenblüten in deutschen Binnengewässern
Auch in deutschen Binnenseen beobachtete man in den letzten Jahren vermehrt das Auftreten toxischer Cyanobakterien. Im Rahmen von Monitoringprogrammen wurden in den 90er Jahren im deutschen Bundesgebiet über 120 Binnengewässer auf das Vorkommen cyanobakterieller Toxine, insbesondere auf Microcystine, Anatoxina und PSP-Toxine untersucht. Während des gesamten Untersuchungszeitraums dominierten im Phytoplankton potentielle Toxinbildner, wie Planktothrix spp., Microcystis spp., Anabaena spp. und Aphanizomenon spp., verbunden mit einer starken Kontamination mit Cyanotoxinen, speziell mit Microcystinen und Anatoxina. Im Raum Mecklenburg-Vorpommern/Brandenburg konnten Wissenschaftler das Toxin Cylindrospermopsin erstmalig in Europa nachweisen.

Cyanobakterien in Badegewässern
Oberflächenwasser ist nicht nur als Grundlage für Trinkwasser, sondern auch als Badegewässer eine Expositionsquelle für den Menschen. Besonders während der Badesaison ist zu beachten, dass nicht nur das Schlucken sondern auch der direkte Hautkontakt zu Hautreizungen und allergischen Reaktionen bis hin zu Leberschäden führen kann. Auch im Sommer 2005 wurde wieder über das Auftreten von Blaualgen in Badeseen berichtet, einhergehend mit Warnhinweisen des Umweltministeriums für ausgewählte Seen in Baden-Württemberg und Brandenburg.

Grenzwerte für Cyanotoxine
Regelungen für Höchstwerte an cyanobakteriellen Toxinen bestehen für Trinkwasser und Badegewässer. Die Weltgesundheitsorganisation WHO legte 1998 einen Grenzwert von 1 Mikrogramm Microcystin-LR pro Liter Trinkwasser fest. Das Umweltbundesamt erklärte 2003, dass die Microcystin-Konzentrationen unter 100 Mikrogramm pro Liter Wasser liegen sollten, um Sicherheit vor der Gefahr einer akuten Vergiftung beim Baden zu gewährleisten. Bereits bei Gehalten von 10 bis 100 Mikrogramm Microcystinen pro Liter Wasser sollten jedoch Warnhinweise an die Bevölkerung gegeben und eventuell Badeverbote ausgesprochen werden.

Zahlreiche Untersuchungen von Binnengewässern hinsichtlich einer Belastung mit Cyanobakterien und deren Toxinen zeigten, dass viele Oberflächengewässer von Blaualgenblüten betroffen sind. Sie treten meist in Verbindung mit der Bildung cyanobakterieller Toxine auf – meist Microcystinen, seltener Anatoxina, PSP-Toxinen und Cylindrospermopsin. Vor der Nutzung von Wasserreservoiren als Trink- oder Badewasser muss also die durch diese Toxine möglicherweise entstehende gesundheitliche Gefährdung abgeschätzt werden.

Analytical & Bioanalytical Chemistry
Online Publication in 40 days

Analytical and Bioanalytical Chemistry (ABC) is a truly international journal with a mission to publish excellent research papers from all areas of analytical and bioanalytical science.

Excellent Features include

ABC Analytical Challenge

The special ABC feature Analytical Challenge has established itself as a truly unique quiz series, with a new scientific puzzle published every second month.

Building a Professional Career

In this successful column, Advisory Board Member John Fetzer provides his personal insights on science-related issues in essays.

ABCs of Teaching Analytical Science

This regular column on the teaching of analytical chemistry spotlights current educational issues.

For further information please visit springer.com

Further attractive features

▶ Editorials freely available ▶ Focused special issues ▶ Trend articles
▶ Papers in forefront ▶ Conference highlights ▶ Books and software in review

Each year, the editors acknowledge and honor the author of an outstanding paper published in the journal with the ABC Best Paper Award. We are pleased to announce the winner of the 2005 ABC Best Paper Award:

Christoph Meyer

Christoph Meyer, Urban Skogsberg, Norbert Welsch, Klaus Albert: Nuclear Magnetic Resonance and High-Performance Liquid Chromatographic Evaluation of Polymer-Based Stationary Phases Immobilized on Silica Anal Bioanal Chem (2005) 382: 679–690

For free online access to this article please go to springerlink.com

Easy Ways to Order for the Americas ▶ **Write:** Springer Order Department, PO Box 2485, Secaucus, NJ 07096-2485, USA ▶ **Call: (toll free)** 1-800-SPRINGER ▶ **Fax:** +1(201)348-4505 ▶ **Email:** journals-ny@springer.com or **for outside the Americas** ▶ **Write:** Springer Distribution Center GmbH, Haberstrasse 7, 69126 Heidelberg, Germany ▶ **Call:** +49 (0) 6221-345-4303 ▶ **Fax:** +49 (0) 6221-345-4229 ▶ **Email:** SDC-journals@springer.com

012358x

Analytik und Biologie – lebendige Partnerschaft

2 Analytik und Biologie – lebendige Partnerschaft

Ob es um Pflanzen und ihre Signalwege, Biochips oder biomolekulare Bindungsreaktionen geht – Analytik und Biologie sind ein starkes Team. Denn erst die genaue Kenntnis darüber, wer mit wem zu was und in welchen Mengen reagiert, ermöglicht uns Einblicke in die Funktionsweise lebender Organismen. Die Analytik trägt entscheidend dazu bei, biochemische Prozesse in Pflanzen und Tieren besser zu verstehen. Eine lebendige Partnerschaft zu beiderseitigem Nutzen.

2.1 Ionenchromatographie für die Elementspeziesanalyse von Aluminium in Pflanzen

Aluminium – ein vielseitiges Element

3. Woche *Oliver Happel und Andreas Seubert, Philipps-Universität Marburg, Fachbereich Chemie*

Aluminium ist neben Sauerstoff und Silizium das dritthäufigste Element. Im täglichen Leben denken wir beim Stichwort Aluminium zunächst einmal an Gebrauchsgegenstände wie Aluminiumfolie, Kochtöpfe oder Leichtmetallmotoren. Eine physiologische Bedeutung des Aluminiums oder gar eine etwaige Toxizität findet man erst bei genauerem Hinsehen – zum Beispiel die Dialyse-Enzephalopathie oder die Alzheimer-Erkrankung. Aber auch saure Böden und damit der Hungertod vieler Menschen kann mit der Chemie des Aluminiums zu tun haben.

Ausschlaggebend für eine ökologische oder physiologische Bewertung von Aluminium ist seine chemische Erscheinungsform – also die Spezies. Wird beispielsweise der pH-Wert des Bodens abgesenkt – etwa durch sauren Regen – steigt die Konzentration an freien Aluminium-Ionen deutlich an. Dies führt primär zu Störungen im Wurzelwachstum der Pflanzen, die durch diverse Mechanismen versuchen, die für sie toxischen Aluminium-Ionen unschädlich zu machen.

Ein bekanntes Beispiel ist die Hortensie: Sie gedeiht gut auf sauren Böden und sie nutzt das mobilisierte und inkorporierte Aluminium für eine veränderte Blütenfarbe: Sie wird blau. Die für den primären Entgiftungs- und Transportschritt wichtige Citronensäure kommt in vielen Pflanzen in nennenswerten Konzentrationen vor. Citronensäure kann durch ihre vier Koordinationsstellen sehr viele verschiedene und dabei auch sehr stabile Komplexe bilden – auch und gerade mit Aluminium.

Ionenchromatographie für Elementspeziesanalyse des Aluminiums

Mit Hilfe der so genannten Anionen- oder Kationenchromatographie können Aluminiumspezies getrennt werden, die verschiedenste Ladungen aufweisen. Anschließend lassen sie sich direkt quantitativ nachweisen, und zwar mittels Atomemissionsspektrometrie mit induktiv gekoppeltem Plasma (ICP-AES). Untersucht man gleichzeitig weitere Elementinformationen wie etwa den Kohlenstoffgehalt, so kann man auch grobe Rückschlüsse auf den Typ der Spezies ziehen. In Modellsystemen ist sogar eine fast eindeutige Zuordnung möglich.

Mischungen aus Aluminium und Citronensäure bilden eine Vielzahl von Komplexen, die sich untereinander um-

Eine bei pH4 unter Gabe von $Al_2(SO_4)_3$ gezogene Hortensien (Hydrangea adria).

Kapitel 2 — Analytik und Biologie – lebendige Partnerschaft

wandeln können und deren Gleichgewichtslage vom pH-Wert, der Konzentration und dem molaren Verhältnis abhängt.

Zur Untersuchung von Realproben – etwa von Pflanzensaft – besitzt die von uns entwickelte Methode einen enormen Vorteil: Die Proben können einfach und schnell vorbereitet werden. Dies ist enorm wichtig, da jeglicher Eingriff in die Analysenprobe die Spezieszusammensetzung verändern könnte.

Ergebnisse

In biologischen Systemen sind Toxizität des Aluminiums sowie seine Verlagerung in bestimmte Pflanzenteile von der Ladung der Al-Spezies abhängig. Da in den meisten Proben mehrere Al-Spezies vorliegen, ist für eine eindeutige Ladungsbestimmung auch eine Trennung dieser Spezies erforderlich.

Mit dem auf dem Ionenaustausch als chemischer Reaktion basierenden Mechanismus sind quantitative Aussagen über die Ladung einzelner Verbindungen möglich. Dazu werden zunächst einfache experimentelle Parameter wie die Eluentkonzentration variiert. Anhand eines Modells, das die Retention – also die Aufenthaltsdauer der im Ionenaustauscher zurückgehaltenen Spezies – berücksichtigt, kann man den Quotienten aus effektiver Ladung des Analyt- bzw. Eluent-Anions ermitteln.

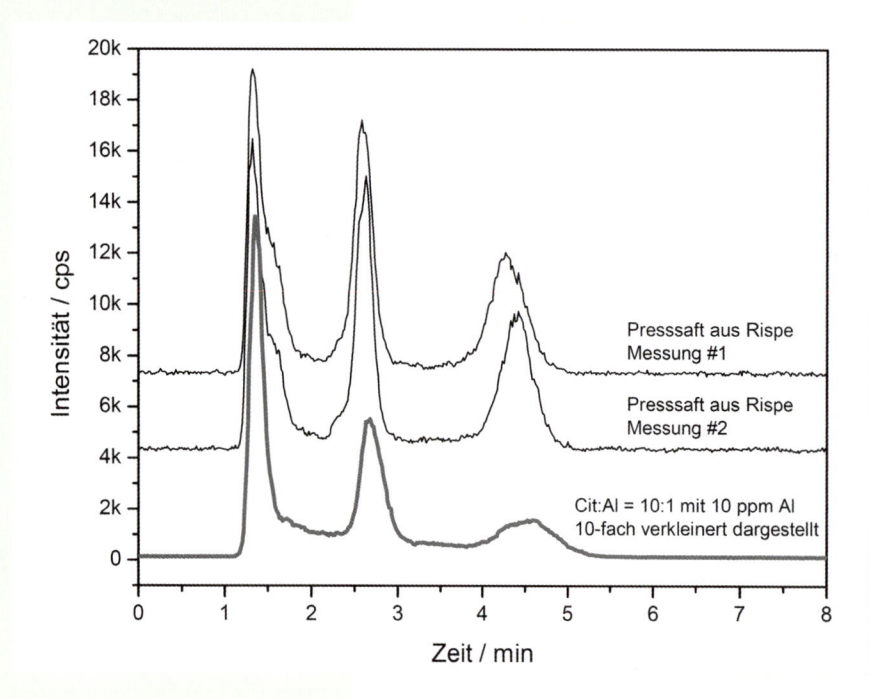

Die Herstellung haltbarer Standardlösungen ist schwierig, da sich die Komplexe umwandeln können. Anhand von Aluminium-Citrat-Kristallen unterschiedlicher Stöchiometrie erhält man jedoch lagerfähige Speziesstandards, die in Wasser schnell gelöst und noch vor Speziesumwandlungen analysiert werden können. Auf diese Weise konnten wir Aluminium-Citrat-Komplexe bestimmen. Zudem konnten wir anhand von zeitlich veränderlichen Spezieskonzentrationen Informationen zum Reaktionsweg sowie zur Reaktionskinetik erhalten.

Aluminium-Spezies liegen in realen Proben wie etwa Pflanzensäften meist in wässrigen Systemen vor. So haben wir zum Beispiel den Saft aus den Rispen einer mit Aluminium-Ionen behandelten Hortensie untersucht. Diesen Rispenpresssaft haben wir nach Filtration direkt untersucht und so die Abbaureaktionen minimiert. Vergleicht man die erhaltenen Chromatogramme mit denen von Referenzkristallen aus Aluminium und Citronensäure, so fällt eine sehr ähnliche Speziesverteilung auf, womit eine klare Dominanz von Citronensäure als Ligand in den Aluminiumkomplexen der Pflanze bewiesen ist. Durch die gleichzeitige Untersuchung der Kohlenstoff-Konzentration im Eluat können wir zudem Rückschlüsse auf die Stöchiometrie des Komplexes ziehen.

Ausblick

Für unsere Arbeit wären eine bessere aber gleichzeitig Spezies schonende Trennung und zugleich eine Miniaturisierung sehr wünschenswert. Auch eine empfindliche Mehrelementdetektion und nicht zuletzt ein molekülselektiver Detektor mit quantitativen Qualitäten sind gefragt.

Ladungsbestimmung für AlO_x^{2-} und $Al(O_{x3})_3$ am Beispiel des Al-Oxalat-Systems. Die linke Hälfte zeigt das gleiche Experiment für Methylsulfat und Sulfat als Referenzanionen.

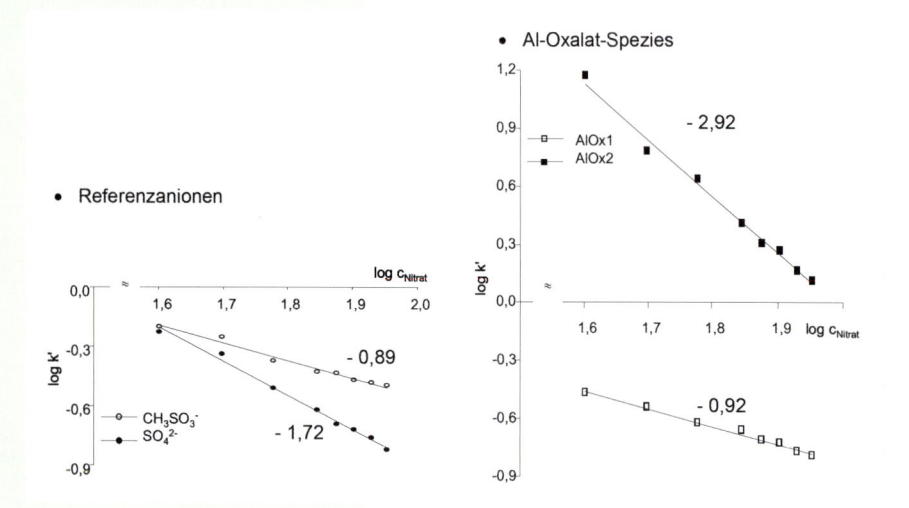

Anionenchromatogramme des Rispenpresssaftes einer Hortensie.

2.2 Dem Nährstoff- und Signaltransport der Pflanzen auf der Spur
Pflanzen: hochkomplex und perfekt organisiert

6. Woche *Uwe Breuer, Walter Schröder, Ulrich Schurr und Stephan Küppers, Forschungszentrum Jülich GmbH*

Die Pflanze und „ihre" Umwelt

Wie Pflanzen auf wechselnde Umweltbedingungen reagieren, ist ein hochaktuelles Forschungsgebiet. Es erfordert, zelluläre Mechanismen aufzuklären, was nur mit Hilfe der Analyse kleinster Volumina in einer äußerst komplexen Matrix möglich ist. Pflanzen besitzen ein kompliziertes System von Transportwegen und Speichern, die in vielfältigen Wechselwirkungen mit der Umwelt stehen. Über ihre Wurzeln tauschen sie Stoffe mit Mikroorganismen und Pilzen im Boden aus. Ein Beispiel: Spezielle Mykkorhiza-Pilze im Boden können Nährstoffe wie Phosphor für Pflanzen verfügbar machen. Im Gegenzug stellt die Pflanze den Partnern Kohlenhydrate zur Verfügung und setzt mineralische Nährstoffe im Boden durch Abgabe von Salzen organischer Säuren – Citrate, Succinate oder Malate – frei. Diese Salze werden wiederum von den Bodenmikroorganismen genutzt. Von der Pflanze aufgenommene Nährstoffe werden entweder in der Wurzel selbst verwendet oder über das so genannte Xylem, einem der beiden Transportsysteme der Pflanze, in einer verdünnten, wässrigen Lösung zu Blättern, Blüten oder Früchten transportiert. Hierbei ist die Rolle anorganischer Nährstoffe und organischer Signalstoffe niedriger Molekularmasse interessant. Zudem stellt sich die Frage, wie Nährstoffe aufgenommen, in welcher chemischen Form sie transportiert und wie sie an Zellen, etwa in Blättern, wieder abgegeben werden.

Oberirdisch betreibt die Pflanze Photosynthese: Sie „atmet". Tagsüber nimmt sie Kohlendioxid (CO_2) auf, um Zuckerverbindungen aufzubauen, während sie es nachts wieder abgibt. Im so genannten Phloem werden die Photosyntheseprodukte in diejenigen Organe der Pflanze transportiert, die keine Photosynthese betreiben. Der Phloemsaft ist eine hochkonzentrierte wässrige Phase, in der sich Zucker – vor allem Saccharose – aber auch Aminosäuren, Proteine, Peptide, Signalstoffe, Terpene sowie Nukleinsäuren befinden. Aufgrund der komplexen Zusammensetzung und der niedrigen Konzentration interessanter Substanzen konnte dies bislang nur schlecht charakterisiert werden.

Herausforderungen an die Analytik

Eine einzelne Pflanzenzelle enthält nur wenige Picoliter Flüssigkeit. Zur Analyse dieser geringen Probenmenge wurde bislang die Kapillar-Elektrophorese (CE) eingesetzt. Mit der CE können jedoch nur Ionen getrennt werden, so dass der nächste analytische Schritt die Kopplung zweier Methoden – der Flüssigkeitschromatographie und der Massenspektrometrie – im Nanomaßstab (Nano-LC-MS-Kopplung) ist. So kann man auch neutrale Moleküle aus den Transportsystemen der Pflanze analysieren. Zur Analyse von nur wenigen Molekülen in einer Zelle einschließlich ihrer Struktur werden immer empfindlichere Massenspektrometer verwendet, insbesondere die so genannte Ionen-Cyclotron-Resonanz-Massenspektrometrie unter Verwendung der Fourier-Transform-Technik (FT-ICR).

Um das System „Pflanze" möglichst realistisch widerzuspiegeln, sind neue Probenahmetechniken nötig, die Struktur und Stoffverteilung im Gewebe erhalten. Schock-Gefrieren der Probe, also die Kryo-Technik, erfüllt diese Anforderungen. Dadurch wird ein „Schnappschuss" erstellt, der den natürlichen Zustand der lebenden Pflanze widerspiegelt und zudem verhindert, dass sich gelöste Stoffe lokal umverteilen und durch Eiskristalle zelluläre Strukturen zerstört werden. In der Kälte wird die Probe gezielt gebrochen oder geschnitten, um interne Oberflächen freizulegen, wie sie für anschließende Analyseverfahren, wie die Sekundär-Ionen-Massen-Spektrometrie (SIMS) oder die Raster-Elektronen-Mikroskopie (REM) notwendig sind. Diese Verfahren helfen, lokale Nährstofftransport-Prozesse aufzuklären.

Mit dem ToF-(Time of Flight)-SIMS IV der Firma ION-TOF aus Münster kann die Element-, Isotopen- und Molekülzusammensetzung einer Probe dreidimensional analysiert werden: Man erhält ein Flächen- und Tiefenprofil. Die Verteilungsbilder zeigen eine laterale Auflösung bis 100 Nanometer und eine Tiefenauflösung von ein bis zwei Nanometer. Mit der hohen Massenauflösung können auch noch Fragmente mit „nominal" gleicher Masse voneinander unterschieden und charakterisiert werden. Da sich auf diese Weise auch Isotopenverhältnisse bestimmen lassen, kann die Pflanze mit Isotopen etwa von Calcium oder Magnesium markiert werden. Die Pflanze

Kapitel 2 Analytik und Biologie – lebendige Partnerschaft

kann nicht zwischen verschiedenen Isotopen unterscheiden. Damit kann der Weg des Isotops in einem nachgelagerten Anaylseschritt verfolgt und so der Transportprozess der Pflanze aufgeklärt werden.

29. Woche

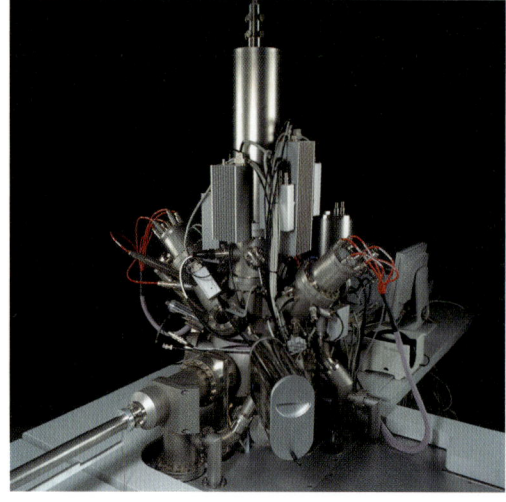

SIMS Gerät im Labor des Forschungszentrums Jülich.

Mit Hilfe von SIMS-Verteilungsbildern am Wurzelschnitt kann man zeigen, wie und wo sich die Calcium-Isotope ^{40}Ca und ^{44}Ca angereichert haben. Dazu wird das stabile Isotop ^{44}Ca in stark angereicherter Form für 32 Minuten einer Nährlösung zugegeben, in der eine Pflanze kultiviert wurde. So werden die aufgenommenen Nährstoffe – in Form zweiwertiger Kationen – markiert. Die Messungen haben gezeigt, dass innerhalb von 32 Minuten das Calcium nicht bis ins Innere der Wurzel, in dem Xylem und Phloem lokalisiert sind, vordringen konnte, sondern nur bis zur Endodermis, deren postulierte wichtige Kontrollfunktion damit verifiziert werden konnte.

Die Wechselwirkungen von Pflanzen mit ihrer Umwelt sowie das Transportsystem und die Kommunikations- und Steuerungsmechanismen in Pflanzen bergen noch eine Vielzahl von Geheimnissen. Die Kombination moderner analytischer Verfahren – von der Spurenelementanalytik über die LC-MS bis zu dem hier vorgestellten SIMS – ermöglicht es jedoch zunehmend, dem hochkomplexen und perfekt organisierten System Pflanze eine Vielzahl seiner Geheimnisse zu entlocken.

2.3 Biochips schnell, labelfrei und mit hoher Empfindlichkeit auslesen
Biochemische Bindungen

29. Woche *Gerald Steiner, Technische Universität Dresden, Institut für Analytische Chemie*

Biochips oder Biosensorarrays sind seit Jahren Routine. Das Lesen der Sensorarrays, also die Detektion biochemischer Wechselwirkungen, erfolgt hauptsächlich elektrochemisch oder mit Hilfe von Fluoreszenzmarkern. Diese Methoden sind zwar sehr sensitiv, stoßen aber mit den Anforderungen neuer Biosensorarrays schnell an ihre Grenzen. Insbesondere bei der systematischen Analyse von Proteinmustern – Proteomics – werden Detektionsmethoden benötigt, die weder eine chemische Markierung der Moleküle erfordern noch Rückwirkungen auf die Moleküle zeigen. Diese Forderungen, kombiniert mit einer schnellen und parallelen Detektion, werden von optischen Methoden bestens erfüllt. Aufgrund ihrer hohen Sensitivität sind interferometrische und resonanzspektroskopische Verfahren besonders geeignet. Im Folgenden wird die Oberflächenplasmonen-Resonanz als eine Methode für das Lesen von Biochips vorgestellt.

Die Oberflächenplasmonen-Resonanz (surface plasmon resonance, SPR) ist eine oberflächensensitive Methode zur Erfassung von minimalen Änderungen des Brechungsindexes oder der Schichtdicke sehr dünner Filme. Die SPR wird seit vielen Jahren vorzugsweise zur Detektion kompetiver und rezeptiver Bindungsprozesse zwischen Biomolekülen eingesetzt. Seit kurzem wird die SPR zunehmend auch als Imagingmethode für das Lesen von Biosensorarrays angewendet. Mit dem SPR-Imaging lassen sich mit hoher Empfindlichkeit Änderungen des Brechungsindexes oder der Schichtdicke abbilden.

Für die SPR wird lediglich ein optisches Prisma mit einem etwa 50 Nanometer dikken Metallfilm benötigt. Wird Licht an der

SIMS-Messung an Wurzelquerschnitten. Calcium-Isotopenverteilung der Isotope ^{40}Ca (linkes Bild) und ^{44}Ca (rechtes Bild) nach Markierung einer Nährlösung mit ^{44}Ca. Das linke Bild zeigt die Verteilung des ursprünglich in der Pflanze vorhandenen Calciums ^{40}Ca. Im rechten Bild ist ^{44}Ca nur im außen liegenden Gewebe erkennbar und wurde offensichtlich von einer Diffusionsbarriere, der Endodermis, im Inneren der Wurzel gestoppt.

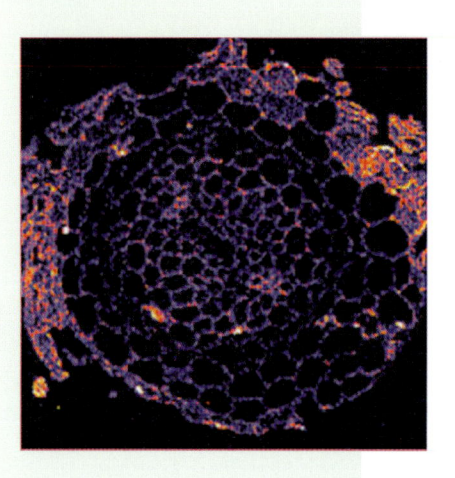

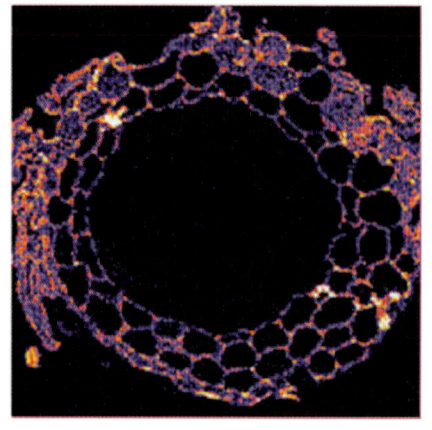

Analytik und Biologie – lebendige Partnerschaft

Kapitel 2

Prinzip des SPR-Imagings. Der Metallfilm wird mit einem parallelen und monochromatischen Lichtstrahl unter dem Winkel alpha beleuchtet. Der CCD-Detektor (charged coupled device) erfasst die Verteilung der reflektierten Intensität. Tritt eine Verschiebung der SPR, etwa durch ein Bindungsereignis in einem Spot auf, verändert sich auch die Intensität des reflektierten Lichtes. Dadurch bildet sich das Sensorarray als Hell-Dunkel-Muster auf dem Detektor ab. In dem Falschfarbenbild heben sich die blauen DNA-Spots deutlich von dem Substrat ab.

Grenzschicht Glasprisma-Metallfilm totalreflektiert, breitet sich unter bestimmten Bedingungen eine so genannte Plasmonenwelle aus. Die Anregung der Plasmonenwelle und die damit verbundene Übertragung der Energie des Lichtes auf die Elektronen in dem Metallfilm zeigen sich im reflektierten Licht als stark verminderte Intensität. Da die Grenzflächeneigenschaften direkt den Einflüssen der Umgebung unterliegen, führen Änderungen in unmittelbarer Nähe des Metallfilms zu einer Veränderung des reflektierten Lichts. Aus diesen Veränderungen lassen sich Rückschlüsse auf Wechselwirkungen zwischen den Biomolekülen ziehen. Mit dem SPR-Imaging können Bindungsereignisse zwischen Biomolekülen mit einer lateralen Auflösung von wenigen Mikrometern erfasst werden, ohne dass eine chemische Markierung der Moleküle notwendig ist.

Aufgrund dieser Merkmale wird das SPR-Imaging zunehmend für die analytische Biochemie interessant. So konnten wir mit dem SPR-Imaging flächenaufgelöst Wechselwirkungen zwischen DNA/DNA, DNA/Protein oder Protein/Protein abbilden. Die Nachweisgrenze solcher Biochips liegt im unteren Nanomol- bis Femtomolbereich. Neben der einfachen Erkennung eines Bindungsereignisses sind auch Aussagen über die Art der Bindung aus dem SPR-Image ableitbar. So lassen sich beispielsweise high- und low-affinty Bindungen zwischen Transkriptionsregulatorproteinen und deren DNA-Sequenzen mittels SPR-Imaging quantifizieren. Eine weitere Anwendung ist die Detektion von Ionenkanälen. Ionen die durch einen aktivierten und geöffneten Ionenkanal strömen, lassen sich sehr empfindlich mittels SPR-Imaging flächenaufgelöst messen.

Kaum eine andere markierungsfreie Detektionsmethode besitzt eine so hohe Empfindlichkeit, lässt sich für paralleles und schnelles Lesen von Biochips einsetzen und ist zudem so einfach anwendbar wie das SPR-Imaging. Aufgrund dieser besonderen Merkmale rückt das SPR-Imaging mit der fortschreitenden Entwicklung von DNA- und Proteinchips zunehmend in das Interesse der analytischen Biochemie.

Prinzip eines Ionenkanal-Sensorarrays. In einer mikrostrukturierten Polymerschicht werden Ionenkanäle mit einem umgebenden Lipidfilm integriert. Öffnet sich der Ionenkanal infolge Anbindung eines Liganden, strömen Ionen in das Reservoir. Die Änderung der Ionenkonzentration wird mittels SPR-Imaging detektiert.

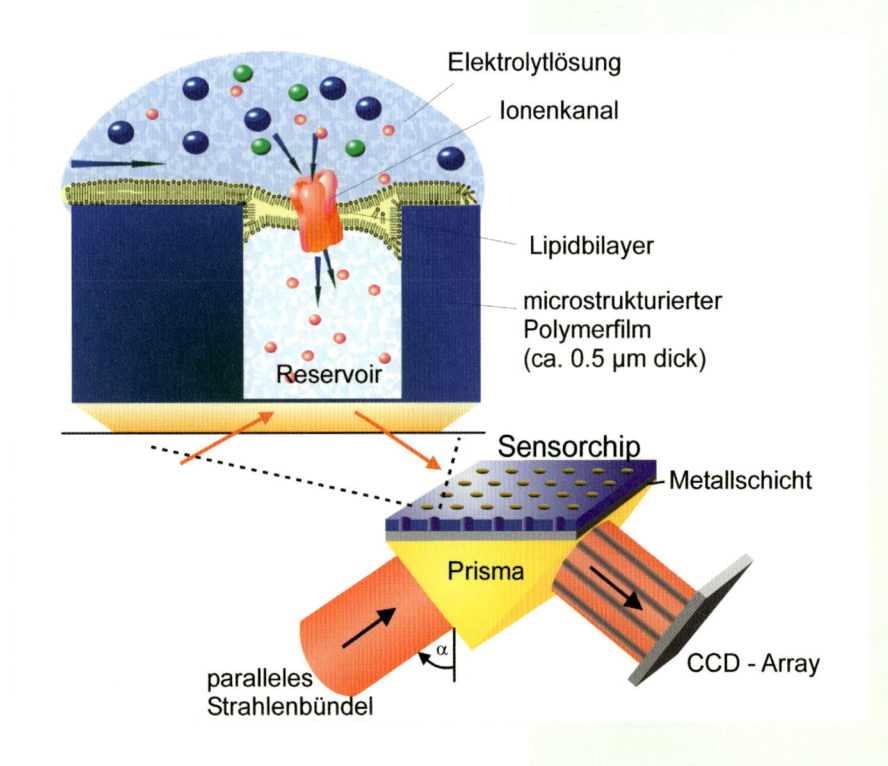

Kapitel 2
Analytik und Biologie – lebendige Partnerschaft

37. Woche

2.4 RNA- und Proteinsynthese auf Oberflächen
Vernetzte Prozesse

37. Woche *Jenny Steffen, Fraunhofer-Institut für Biomedizinische Technik, Abteilung Molekulare Bioanalytik & Bioelektronik, Nuthetal Frank F. Bier, Universität Potsdam, Institut für Biochemie und Biologie und Fraunhofer Institut für Biomedizinische Technik, Abteilung Molekulare Bioanalytik & Bioelektronik, Nuthetal*

Schematischer Ablauf einer Transkriptionsreaktion: Die PCR-Produkte auf der Oberfläche dienen als Matrize für die RNA-Synthese. Die RNA wird für ihren Nachweis in cDNA umgeschrieben und in einer PCR vervielfältigt. Die PCR-Produkte werden anhand ihrer Größe in der Gelelektrophorese separiert.

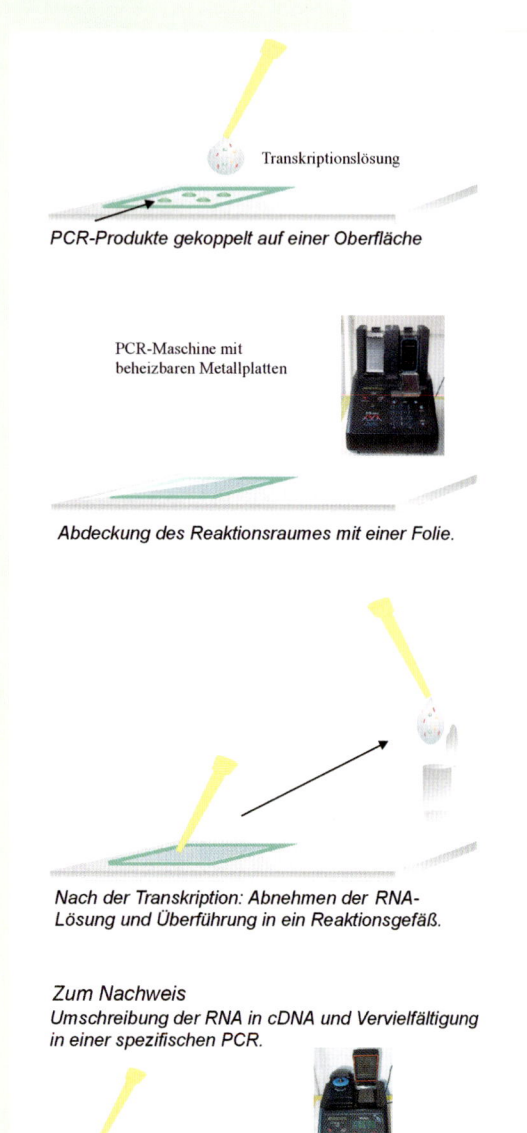

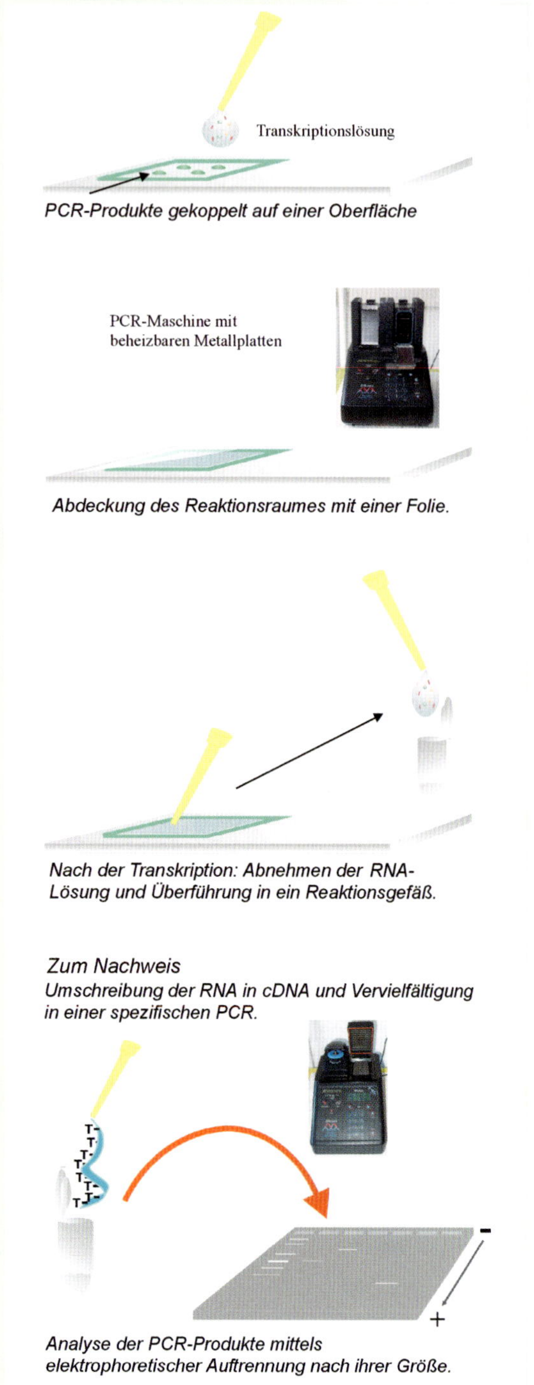

PCR-Produkte gekoppelt auf einer Oberfläche

PCR-Maschine mit beheizbaren Metallplatten

Abdeckung des Reaktionsraumes mit einer Folie.

Nach der Transkription: Abnehmen der RNA-Lösung und Überführung in ein Reaktionsgefäß.

Zum Nachweis
Umschreibung der RNA in cDNA und Vervielfältigung in einer spezifischen PCR.

Analyse der PCR-Produkte mittels elektrophoretischer Auftrennung nach ihrer Größe.

Von ursprünglich angenommen 100.000 Genen des Menschen blieben nach der Entschlüsselung des menschlichen Genoms nur 30.000 Gene übrig, deren Kodierung und Bedeutung in aufwendigen Verfahren analysiert werden soll. Als Erbinformationsträger sind die Gene auf Chromosomen lokalisiert, deren Grundgerüst die Desoxyribonucleinsäure (DNA) bildet. Für die Proteinbiosynthese werden von diesen genetischen DNA-Abschnitten Kopien in Form von einzelsträngigen Ribonukleinsäuren (RNA) hergestellt, mit denen die Zelle außerhalb des Zellkerns arbeitet.

Den Prozess der RNA-Synthese, bei dem hauptsächlich die Gene als Vorlage dienen, bezeichnet man als Transkription. Bei Pflanzen, Pilzen und Tieren kommt es zu einer Komprimierung der genetischen Information. Dabei werden unwichtige Bereiche in einem gesonderten Prozess aus der kodierenden RNA (mRNA = messenger RNA) herausgeschnitten. Man spricht von einem Spleißingprozess.

Die Information, die nun die mRNA trägt, wird in eine Abfolge aus Aminosäuren (AS) und damit in Proteine umgesetzt. Dafür werden nicht nur die 20 verschiedenen Aminosäuren benötigt. Auch die Ribosomen, an denen die genetische Information in Abschnitten von drei Basen abgelesen wird, sowie die Transfer-RNAs (tRNAs), die über eine Dreierkombination der Basen jeweils eine bestimmte Aminosäure kodieren, sind hierzu notwendig. Diese so genannte Translation der genetischen Information in Proteine findet in jeder Zelle statt. Um die Proteine fertig zu stellen, laufen danach meist noch verschiedene Prozesse ab wie zum Beispiel Faltung, Abspaltung von AS-Resten und Anheften von langen Zuckermolekülen.

Dies alles – also Vermehrung der Gen-Abschnitte, Umschreibung in RNA sowie Protein-Synthese – außerhalb einer Zelle ablaufen zu lassen, ist ein Schwerpunkt biotechnologischen Arbeitens. Hierfür ist nicht nur wichtig, dass man das Gen direkt seinem Protein zuordnen kann. Zudem sollte diese Zuordnung für viele Gene parallel möglich sein. Um das zu realisieren, müssen die Informationsträger sowie ihre Produkte an definierten Punkten lokalisiert sein. Hierfür bietet heute die Chiptechnologie die Grundlage. Gelingt die Vernetzung dieser Prozesse in einem miniaturisierten Bioreaktor, kann das analytische Labor auf einem Chip nachempfunden werden, auch bekannt als Lab on a Chip. Damit kann man viele genetische Zusammenhänge untersuchen, deren Analyse innerhalb einer Zelle nicht durchführbar wäre. Hierzu gehören auch Untersuchungen von zellzerstörenden Proteinen sowie die Abhängigkeit der posttranslationalen Vorgänge von anderen Zellkomponenten.

Protein-Synthesen auf Oberflächen

Für die Synthese eines immobilisierten Gens braucht man spezielle Oberflächen. Vor allem müssen an ihnen modifizierte DNA-Fragmente gekoppelt werden können, wie zum Beispiel Amplifikate, also gezielt vermehrte DNA-Abschnitte des gewünschten Gens. Mit der RNA-Polymerase wird dann das Gen abgelesen und aus Ribonukleotiden (RNA-Bausteine) die mRNA synthetisiert. Damit die Synthese überprüft werden kann, wird die in Lösung befindliche, sehr anfällige mRNA in eine stabile DNA-Form (cDNA) umgeschrieben und in einer für das Gen spezifischen Polymerasekettenreaktion (PCR) vervielfältigt. Die PCR-Produkte kann man dann aufgrund ihrer Größe und ihrer negativen Ladung zusammen mit einem bekannten DNA-Standard in einem elektrischen Feld analysieren.

Um eine Translation auf der Oberfläche durchzuführen, braucht man zusätzlich zu den Transkriptionskomponenten auch noch Ribosomen, Aminosäuren und tRNAs. Die entstehenden Proteine können dann an einer anderen Stelle auf der Oberfläche durch für sie spezifische Fängermoleküle, wie etwa Rezeptoren oder Antikörper, gebunden werden.

Dadurch dass man Proteine an eine Oberfläche bindet, wird nicht nur ihre Spezifikation erleichtert, sondern auch ihre Aufreinigung und Separation aus dem Proteinsynthesegemisch.

2.5 Lipidmembranen in Biosensoren und Arrays
Freitragende Architektur

39. Woche *Winfried Römer, Curie Institute, Paris,*
Claudia Steinem, Institut für Analytische Chemie, Chemo- und Biosensorik, Universität Regensburg

Biosensoren und die biologisch aktive Komponente

Ein Biosensor ist ein kompaktes analytisches Gerät, das eine biologisch-aktive Komponente enthält, die mit einem Signalwandler verbunden ist und mit dem Analyten detektiert werden können. Als biologisch-aktive Komponente werden heutzutage routinemäßig Enzyme, Nukleinsäuren und Antikörper eingesetzt. Eine große Klasse von Biomolekülen – die Membranproteine – steht jedoch für sensorische Anwendungen so gut wie nicht zur Verfügung, und das, obwohl sie für die pharmazeutische Industrie von großem Interesse ist. Denn fast 15 Prozent der meistverkauften Medikamente wirken auf membranständige Ionenkanäle und etwa 60 Prozent aller rezeptpflichtigen Medikamente auf Membranproteine. Biosensoren und Screening-Systeme, die auf Membranproteinen basieren, besitzen also ein großes Potential für die pharmazeutische Industrie im Hinblick auf die Erforschung und Entwicklung neuer Wirkstoffe. Doch die Funktionalität von Membranproteinen ist an eine Lipidmembran gebunden. Und Ionenkanäle sind nur aktiv, wenn sie in einer Lipiddoppelschicht integriert sind. Dies kann eine native Membran sein, wie sie in so genannten patch-clamp Experimenten genutzt wird oder eine artifizielle wie im Falle freitragender Membranen (black lipid membranes, BLMs). Allerdings ist ein Aufbau von Biosensoren mit diesen Membrantypen nur schwer realisierbar.

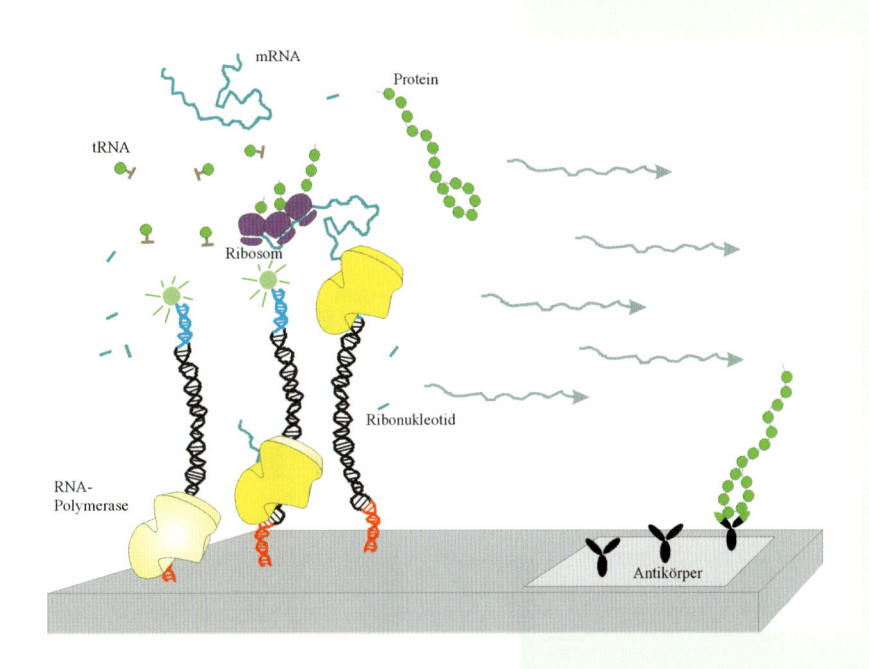

Festkörperunterstützte und freitragende Lipidmembranen

Lipidmembranen mit integrierten Proteinen auf Sensoroberflächen wurden durch die Entwicklung festkörperunterstützter Lipidmembranen möglich. Allerdings sind diese Membranen nicht universell einsetzbar. Denn die Lipidmembran ist in direktem Kontakt mit der Oberfläche, so dass eine Insertion und die Funktionalität großer Transmembranproteine behindert sein können. Auch ist es nicht möglich, den Transport von Substanzen über Ionenkanäle, Pumpen und Transporter zu verfolgen, da ein zweites wässriges Kompartiment fehlt.

Soll die Membran zwei wässrige Kompartimente trennen, um die Aktivität von Transportproteinen zu untersuchen, so benötigt man eine Lipiddoppelschicht, die einen bestimmten geringen Abstand überspannt. Solche Membranen wurden in den 70er Jahren entwickelt: Es wird eine Lipidmembran über ein kleines Loch in einer Teflonfolie gespannt. Ein sensorischer Einsatz solcher Membranen ist jedoch so gut wie nicht möglich, da weder eine Miniaturisierung und Integration, noch eine Automatisierung und Parallelisierung möglich ist. Aus diesen Gründen sind in den

Schematischer Ablauf einer Translationsreaktion: Die künstlichen Gene auf der Oberfläche dienen als Matrize für die RNA-Synthese. An die im Entstehen begriffene RNA lagern sich die Ribosomen an und vermitteln die Proteinsynthese über die Aminosäurentransportierenden tRNAs. Die fertigen Proteine können an einem definierten Punkt über spezifische Antikörper gebunden und nachgewiesen werden.

39. Woche

Kapitel 2
Analytik und Biologie – lebendige Partnerschaft

letzten Jahren Anstrengungen gemacht worden, Lipidmembranen über kleine Löcher zu spannen, die sich in Glas oder Silizium befinden. Allerdings ist die Stabilität dieser Lipidmembranen zumeist noch zu gering, um sie in der Biosensorik sinnvoll einsetzen zu können.

Schematische Darstellung der Herstellung von klassischen black lipid membranes (BLMs), nano-BLMs und festkörperunterstützten Membranen (solid supported membranes, SSMs).

44. Woche

Nano- und mikro-BLMs

In den letzten Jahren haben wir uns mit dem Aufbau eines langlebigen Membransystems beschäftigt, das eine Integration, Miniaturisierung und Automatisierung zulässt. Ziel war, ausgehend von einem porösen hochgeordneten Material, ein Membransystem zu entwickeln, das es erlaubt, angekoppelt an einen festen Träger langzeit- und mechanisch stabile artifizielle Lipidmembranen aufzubauen, in die Ionenkanäle integriert werden können. Zudem sollte es mit dem Membransystem möglich sein, Kanalaktivitäten auf Einzelkanalebene zu untersuchen, wie es auch bei freitragenden Membranen möglich ist. Ausgehend von porösen Aluminaten, die Porendurchmesser von 50 oder 280 Nanometern aufweisen, und porösem Silizium mit Porendurchmessern von einem Mikrometer, konnten wir Lipidmembranen herstellen, die die Poren der porösen Materialien überspannen, so genannte nano- und mikro-BLMs. Die gemessenen elektrischen Eigenschaften dieser nano- und mikro-BLMs sind denen der klassischen BLMs gleich. Die nano-BLMs auf porösem Aluminat haben jedoch zudem eine sehr interessante Eigenschaft, die bei klassischen BLMs nicht gefunden wird: Der Membranwiderstand sinkt langsam über die Zeit ab und nicht in einem alles-oder-nichts-Prozess, wie man es bisher von BLMs kennt. Der zeitlich stabile hohe Membranwiderstand der mikro- und nano-BLMs erlaubt die Messung von Proteinpumpen und -kanälen über einen längeren Zeitraum. So konnten bereits Insertionen und Einzelkanalaktivitäten von Peptiden wie Gramicidin, aber auch von großen Transmembranproteinen wie des Porins OmpF (Outer-Membrane-Protein) aus Escherichia coli beobachtet werden.

Da mikro- und nano-BLMs auf leicht herstellbaren porösen Oberflächen beruhen, ist es denkbar, aus ihnen eine Chip-basierte Array-Technologie zu entwickeln. So könnte man sie einsetzen, um etwa nach Antagonisten für Ionenkanäle zu suchen oder den Einfluss von Pharmaka auf Transporter zu screenen.

2.6 Interferometrisches Messsystem zur markierungsfreien Analyse biomolekularer Bindungsreaktionen
Schwierige Bindungen

44. Woche *Katrin Schmitt und Christian Hoffmann, Fraunhofer-Institut für Physikalische Messtechnik Freiburg*

Die rasante Entwicklung in der Forschung der Lebenswissenschaften fordert ständig neue Verfahren zur Analyse von biologischen Zusammenhängen. Für biomolekulare Bindungsstudien sind mittlerweile oberflächenbasierte optische Detektionsverfahren weit verbreitet. Ein prominentes Anwendungsbeispiel ist der Einsatz des DNA-Microarray, mit dem bis zu 100.000 Reaktionen parallel durchgeführt und

A. Rasterkraftmikroskopische Aufnahme eines geordneten porösen Aluminats. B. Zeitliche Änderung des Membranwiderstands einer nano-BLM auf porösem Aluminat. Es wurde eine nano-BLM auf einem porösen Aluminat mit mittleren Porendurchmessern von 280 Nanometern gemessen. C. Histogramm-Analyse einer Einzelkanalmessung mit insertierten Gramicidin-Kanälen an einer nano-BLM (poröses Aluminat mit 280 Nanometer Poren).

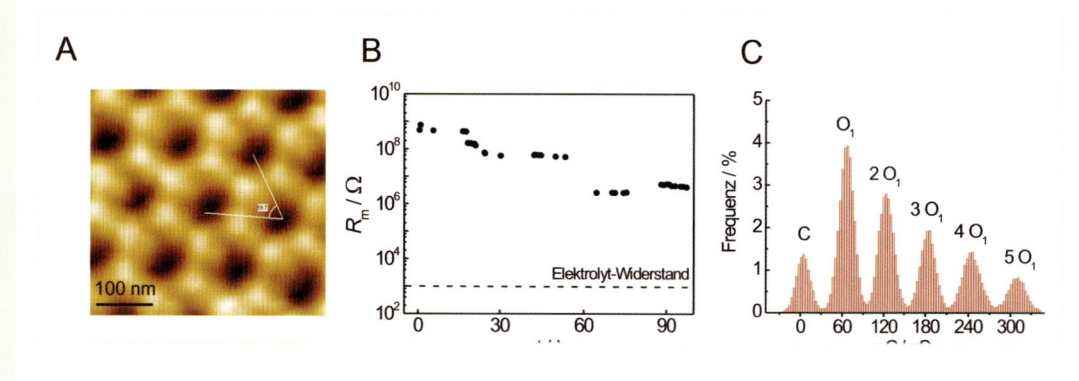

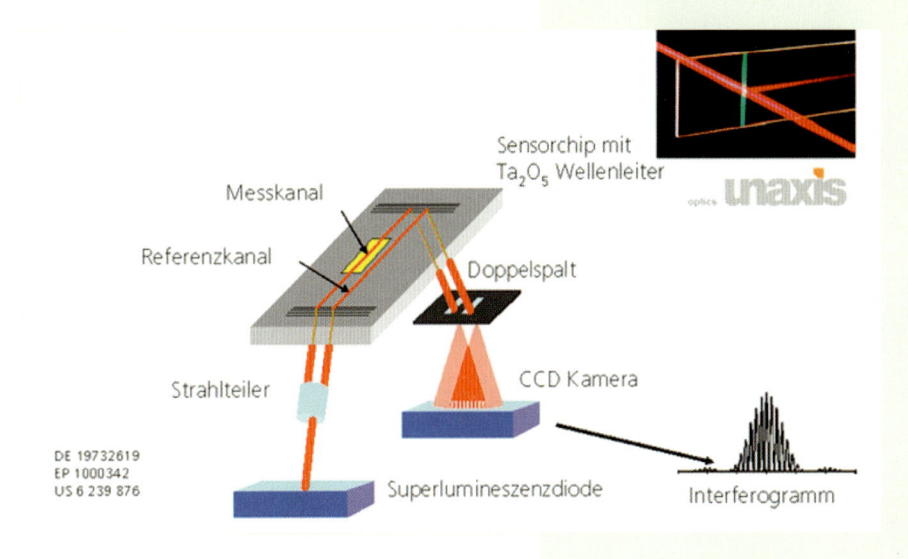

Analytik und Biologie – lebendige Partnerschaft

Kapitel 2

analysiert werden können. Bei diesem Analyseverfahren wird das Analytmolekül markiert, in der Regel mit einem Fluoreszenzfarbstoff. Schwieriger sind Bindungsstudien von Proteinen, Enzymen, Peptiden und Antikörpern. Denn hier kann das an den Analyten gebundene Markermolekül die für die Bindeaktivität maßgebliche dreidimensionale Struktur stören und somit die Reaktion mit dem auf der Oberfläche immobilisierten Fängermolekül erheblich beeinflussen. Im Rahmen der Medikamentenentwicklung ist jedoch gerade der Nachweis dieser Moleküle wünschenswert.

In den letzten Jahren wurden verschiedene markierungsfrei arbeitende Verfahren wie Gitterkoppler, Interferometer-Systeme, reflektometrische Interferenz-Spektroskopie (RIfS) und Oberflächenplasmonenresonanz-Sensoren (SPR) entwickelt, die zum Teil schon den Sprung in die Anwendung geschafft haben.

Messverfahren: Interferometrie

Das am Fraunhofer IPM entwickelte interferometrisches Messsystem eignet sich aufgrund seiner Nachweisempfindlichkeit in hohem Maße für Bindungsstudien oder den Nachweis von Biomolekülen. Die Funktionsweise des interferometrischen Biosensors nutzt das optische Prinzip eines Young-Interferometers mit einem Wellenleiterchip aus Tantaloxid als Sensorelement. An der Oberfläche des Wellenleiters bildet sich ein exponentiell abfallender Lichtanteil aus, der zirka 50 Nanometer weit in das umgebende Medium eindringt, das so genannte Evaneszentfeld. Anhand dieses Evaneszentfeldes kann die Anbindung der Moleküle an der Oberfläche detektiert werden.

Licht einer Superlumineszenzdiode mit einer Wellenlänge von 675 Nanometern wird kollimiert und auf ein Einkoppelgitter des Wellenleiterchips fokussiert, nachdem es durch einen Strahlteiler in zwei Teilstrahlen aufgespalten wurde. Diese zwei Teilstrahlen durchlaufen den Wellenleiter bis zu einem zweiten Gitter, durch das sie wieder ausgekoppelt und nach einem Doppelspalt als Interferenzmuster auf einer CCD-Kamera (charged coupled device) detektiert werden. Einer der Teilstrahlen bildet dabei den Messkanal, der andere den Referenzkanal. Im Oberflächenbereich, in dem der Messstrahl geführt wird, werden Fängermoleküle immobilisiert. Werden nun Analytmoleküle dem Wellenleiter über eine Fluidikzelle zugeführt und binden diese an den immobilisierten Fängermolekülen, ändert sich die Massenbelegung an der Oberfläche. Dies wiederum führt zu einer Änderung des effektiven Brechungsindex des Wellenleiters im Bereich des Messstrahls. In der Folge reduziert sich die Phasengeschwindigkeit des Lichtes. Als ein Maß für die Phasengeschwindigkeit des geführten Lichtes wird sein Verhältnis zur Vakuum-Lichtgeschwindigkeit verwendet und als effektive Brechzahl bezeichnet.

Das Interferenzmuster verschiebt sich lateral, was über eine Fourier-Transformation des Signals als Phasenverschiebung erkannt und danach als Änderung des effektiven Brechungsindex angegeben wird. Aus dem resultierenden Signal können Informationen über die Massenbelegung und somit über die Konzentration des Analyten gewonnen werden.

Anwendung

Da der interferometrische Biosensor zeitaufgelöst arbeitet, sind Messungen kinetischer Abläufe von Bindungsreaktionen möglich und damit die Bestimmung von Bindungskonstanten. Aus der zeitaufgelösten Bindungskurve lassen sich die Signalendwerte der einzelnen Konzentrationen ablesen. Bei Angleichung an das „Langmuir-Modell" ergeben sich dann daraus die maximale Oberflächenbeladung des Analyten sowie die Affinitätskonstante des Bindungssystems, das eine wichtige Größe zu dessen Charakterisierung darstellt.

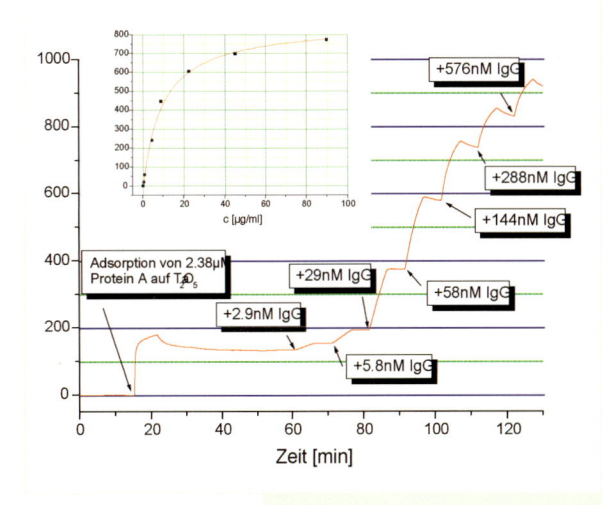

Schematische Darstellung des Interferometeraufbaus.

Messkurve der Affinitätsreaktion Immunoglobulin G – Protein A (Staphylococcus aureus). Protein A besitzt einer spezifische Affinität zur Fc-Region von Immunoglobulin G (IgG). Dargestellt ist zunächst die Immobilisierung über Adsorption von 2.4 mikromolarer Protein A-Lösung auf der Wellenleiteroberfläche, danach die Anbindung von sieben verschiedenen Konzentrationen IgG im Bereich von 2.9 nanomolar bis 576 nanomolar. Eingefügt dargestellt ist die Langmuir-Angleichung an die Signalendwerte. Die Affinitätskonstante wurde hier zu 1.6×10^7 M^{-1} bestimmt.

3

Im Dienst der Gesundheit

3 Im Dienst der Gesundheit

Bei den meisten Menschen steht die Gesundheit auf der Skala ihrer Wünsche ganz oben. Denn Gesundheit ist ein wertvolles Gut, das es zu schützen und zu bewahren gilt. Sind wir doch einmal krank, legen wir Wert auf eine genaue medizinische Diagnostik, auf wirksame Medikamente und auf Therapien mit möglichst wenig Nebenwirkungen. All dies wäre nicht denkbar ohne eine Analytik, die Menschen im Dienst der Gesundheit, Mediziner wie Pharmakologen, Chemiker wie Biologen, unterstützt und ihnen auch oft erst die Möglichkeit zu neuartigen Behandlungsmethoden gibt.

3.1 Vergleichende Genexpressionsanalyse mit Microarrays und ihre Anwendung in der Tumordiagnostik
Irrwege vermeiden

11. Woche *Simone Günther, Alexander Jung und Michael Steinwand, Applera Deutschland GmbH, Applied Biosystems, Darmstadt Ulf Vogt, Institut für Molekulare Onkologie, Ibbenbüren*

Mit Hilfe der vergleichenden Genexpressionsanalyse erhält man sogenannte Gensignaturen, die mit der Pathogenese, sowie dem Bild und dem Verlauf von komplexen Krankheiten, wie etwa Krebserkrankungen, in Zusammenhang gebracht werden können. Diese Art der Genomanalyse kann beispielsweise heute bereits dazu genutzt werden, Tumore zu klassifizieren, die Erfolgsaussichten verschiedener Therapieformen zu beurteilen und damit die präventive Medizin voranzubringen.

In der vergleichenden Genexpressionsanalyse werden die Konzentrationen von exprimierten Genen sowohl in gesundem als auch in krankem Gewebe, das man zum Beispiel durch eine Biopsie erhalten hat, bestimmt und miteinander verglichen. Dieser Vergleich erfolgt an Hand der Messenger-RNA (mRNA) beziehungsweise der aus ihr durch so genannte reverse Transkription erhaltenen stabileren Desoxyribonucleinsäure (DNA). Bei denjenigen Genen, die in den beiden Gewebeproben in unterschiedlicher Konzentration gemessen werden, nimmt man an, dass diese Gene am für die Krankheit verantwortlichen Stoffwechsel entweder direkt oder indirekt beteiligt sind.

Um die Konzentration der exprimierten Gene messen zu können, bedient man sich einer etablierten analytischen Methode, die auf der Hybridisierung beruht. Unter Hybridisierung versteht man die spezifische Paarung einzelsträngiger, zueinander komplementärer DNA-Moleküle. Man hybridisiert nun aus exprimierten Genen stammende DNA-Fragmente an genspezifische Sonden. Als Sonden fungieren kurze, synthetische DNA Fragmente, die auf der Oberfläche eines so genannten Microarray's in Form von Spots chemisch aufgebracht wurden. In der hier vorgestellten Studie wurden Microarrays mit circa 31.000 Sonden verwendet. Diese Sonden repräsentieren circa 29.000 mutmaßliche menschliche Gene. Bindet ein aus einem exprimierten Gen stammendes DNA-Fragment an eine dieser Sonden, so ist durch die Position auf dem Microarray die Identität des Gens und durch die Signalhöhe dessen Konzentration feststellbar. Das Signal wird durch ein in das DNA-Fragment eingebrachtes Fluoreszenzmolekül in einem Fluoreszenzmessgerät erzeugt.

Diese Messmethode lässt sich zum Beispiel vorteilhaft einsetzen, wenn es darum geht, ein Medikament für die vor-operative Medikation bei der Brustkrebstherapie festzulegen. Mit Erkenntnissen aus vergleichenden Genexpressionsstudien lassen sich bei individuellen Patientinnen die Tumore besser als bisher charakterisieren. Auch der Verlauf der Krankheit ist besser vorhersagbar. Zudem sind Aussagen über die Wirksamkeit bestimmter Therapien – wie etwa Chemotherapie oder Antihormontherapie – möglich. Vergleichende Genexpressionsstudien verbessern also Diagnostik, Prognostik und Prädikation.

Um eine solche Analyse durchführen zu können, braucht man ein entsprechend ausgestatteten Microarray, die notwendigen analytischen Reagenzien und Protokolle zur Durchführung der reversen Transkription und der Hybridisierung, die notwendigen Chemolumineszenz- und Fluoreszenzmarker sowie ein Auslesegerät.

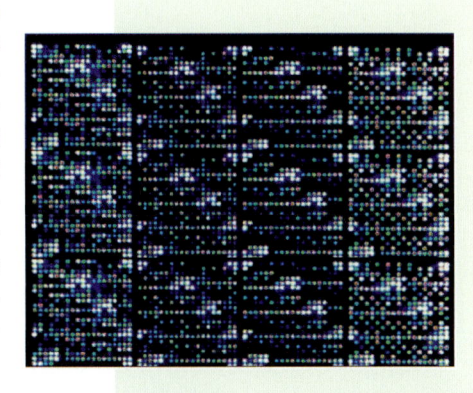

Ausschnitt aus einem typischen Fluoreszenzmuster eines Microarray-Bildes. Benutzt wurden Apparatur und Reagenzien des ABI 1700 Expression Array Systems von Applied Biosystems.

Kapitel 3 Im Dienst der Gesundheit

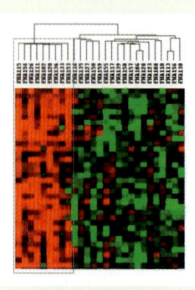

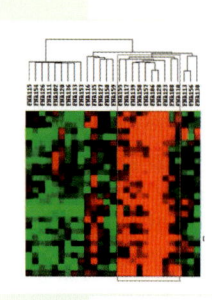

Bioinformatorisch aufbereitete graphische Darstellung der Genexpressionsanalysen des Tumorgewebes von Patientinnen des Frauenklinikums Ibbenbüren. rechts: Genexpressionsprofil bösartiger Brusttumoren, mit postivem Östrogenrezeptor und nachgeschaltetem aktivem Stoffwechselweg. links: Genexpressionsprofil bösartiger Brusttumoren, mit negativem Östrogenrezeptor und inaktivem Stoffwechselweg.

Bei Analysen des Tumorgewebes von Patientinnen mit bösartigen Brustkrebstumoren können durch bioinformatorisch aufbereitete Resultate der Genexpressionsanalyse deutliche Unterschiede sichtbar gemacht werden, die auf voneinander abgrenzbaren Gensignaturen beruhen. Darauf aufbauend ist diejenige Tumorform erkennbar, die einer Hormontherapie zugänglich ist. Bei Tumorformen, die auf eine Hormontherapie nicht ansprechen, kann man daher bereits in der Phase der Statusermittlung eine alternative Therapieform in Erwägung ziehen.

3.2 Untersuchung biologisch abbaubarer Implantatlegierungen auf Magnesium-Basis
Wie viel Implantat verkraftet unser Körper?

27. Woche *Carla Vogt, Universität Hannover, Naturwissenschaftliche Fakultät, Institut für Anorganische Chemie, Frank Witte, Labor für Biomechanik und Biomaterialien, Orthopädische Klinik der Medizinischen Hochschule Hannover,*
Jürgen Vogt, Institut für Experimentelle Physik II, Universität Leipzig

Eine Vielfalt moderner Materialien wird heutzutage als Implantatwerkstoffe mit Stützfunktionen im Organismus eingesetzt. Dazu zählen vor allem Stähle, Titanlegierungen und Titan, keramische Werkstoffe sowie Polymere. Moderne Implantatwerkstoffe zur Knochenstabilisierung müssen eine Reihe von Anforderungen erfüllen, um sich für den medizinischen Einsatz zu qualifizieren. Dazu gehören mechanische Festigkeit für eine dauerhafte Gewährleistung der Kraftübertragung zwischen Implantat und Knochen, Korrosionsbeständigkeit für die Langzeitstabilität des Materials und zur Vermeidung korrosiver Schädigung sowie Biokompatibilität zur Vermeidung der Schädigung des Gewebes durch Werkstoff- oder Korrosionsprodukte. Grundsätzlich können die verwendeten Materialien nach ihrer Langzeitstabilität unterschieden werden. Inerte Materialien werden entweder nach einem bestimmten Heilungszeitraum operativ wieder entfernt oder verbleiben dauerhaft im Knochen. Die seit Kurzem untersuchten biologisch abbaubaren Materialien werden dagegen im Verlauf des Heilungsprozesses vom Körper resorbiert und durch neues Knochengewebe ersetzt.

Die an der Oberfläche von Implantaten ablaufenden Wechselwirkungen mit Gewebe und Körperflüssigkeiten sind sowohl bei stabilen als auch bei abbaubaren Implantatmaterialien von großem Interesse, da nicht nur die nach Implantierung einsetzenden Körperreaktionen die Implantatkomponenten beeinflussen, sondern auch der Verbleib der abgebauten Bestandteile untersucht werden muss.

Magnesium-Legierungen sind als biokompatible Implantatmaterialien besonders gut geeignet, da sie ähnlich elastisch sind wie das Knochengewebe und zudem eine hohe Biokompatibilität besitzen. Weitere Legierungsbildner, wie etwa Zink, Lithium oder Seltene Erden werden bei der Auflösung der Legierung im Organismus transportiert, abgelagert und ausgeschieden. Für eine Aufklärung des Abbaumechanismus ist eine Bestimmung der Legierungsbildner im umgebenden Knochenmaterial und Gewebe sowie in den Körperflüssigkeiten des Implantatträgers erforderlich. Die dafür verwendeten Analysenverfahren müssen aufgrund der teilweise zu messenden sehr geringen Konzentrationen sehr empfindlich und zudem in der Lage sein, diese geringen Konzentrationen mit hoher örtlicher Auflösung zu messen. Die durchschnittlichen Konzentrationen im Knochen für einige legierungsrelevante Elemente liegen beispielsweise für Magnesium bei 700 bis 1800 Milligramm pro Kilogramm Knochen, Lithium hat eine durchschnittliche Konzentration von ein bis zwei Milligramm pro Kilogramm, Aluminium von 4 bis 27 Milligramm pro Kilogramm und für fast alle Seltenen Erden sind die Konzentrationen geringer als 0,1 Milligramm pro Kilogramm.

Für die Bestimmung von Magnesium, Lithium, Zink, Aluminium und den Seltenen Erden in Knochen, Körperflüssigkeiten und Gewebeproben wurden die Induktiv gekoppelte Plasma Massenspektrometrie (ICP-MS) mit Laserablation oder Flüssigprobenzuführung, die Röntgenfluoreszenzanalyse (RFA) und die Partikelinduzierte Röntgenfluoreszenz (PIXE) eingesetzt. In allen Fällen können Probenbereiche von wenigen Mikrometern Durchmesser oder darunter (PIXE) analysiert werden. Da sich Korrosionsprozesse im lebenden Organismus von denen unter Laborbedingungen im Be-

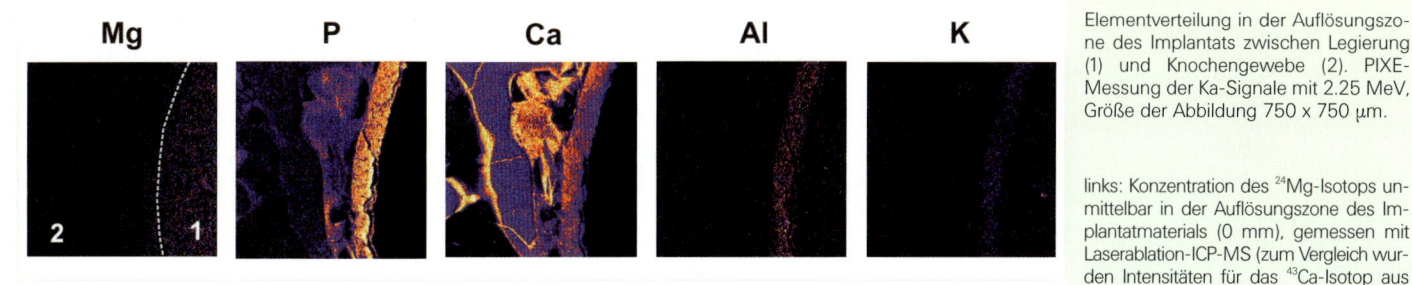

Im Dienst der Gesundheit

Elementverteilung in der Auflösungszone des Implantats zwischen Legierung (1) und Knochengewebe (2). PIXE-Messung der Ka-Signale mit 2.25 MeV, Größe der Abbildung 750 x 750 µm.

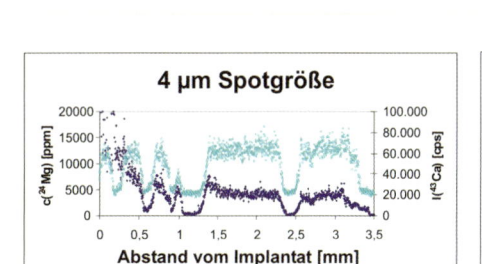

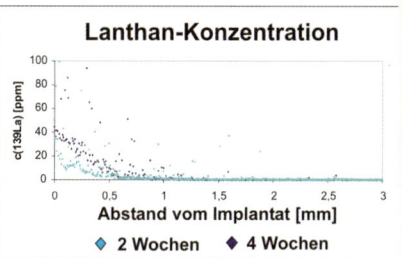

links: Konzentration des ^{24}Mg-Isotops unmittelbar in der Auflösungszone des Implantatmaterials (0 mm), gemessen mit Laserablation-ICP-MS (zum Vergleich wurden Intensitäten für das ^{43}Ca-Isotop aus dem Knochenmaterial angegeben) mittels 4 µm Spotdurchmesser / rechts: Konzentration des ^{139}La-Isotopes in der Auflösungszone des Implantatmaterials (0 mm) nach 2 und 4 Wochen Verweildauer des Implantats im tierischen Organismus; Messung mit Laserablation-ICP-MS

cherglas nachgestellten häufig beträchtlich unterscheiden, wurden das Korrosions- und Abbauverhalten von Implantatlegierungen in Tierversuchen untersucht. Die hier vorgestellten Ergebnisse wurden für eine Legierung mit 90 Prozent Magnesium, 4 Prozent Lithium, 4 Prozent Aluminium und 2 Prozent Seltene Erden – darunter Cer, Neodym, Europium oder Dysprosium – erhalten.

Untersucht wurden Knochengewebsschnitte mit implantierten Legierungen, die für unterschiedliche Zeiten im Organismus verweilten sowie Leber-, Knochen- und Serumproben der jeweiligen Tiere. Meerschweinchen oder Kaninchen wurden dazu Stifte der Legierung in den Oberschenkelknochen implantiert. Alle Tiere wurden anschließend unter identischen Bedingungen für unterschiedlich lange Zeiträume gehalten.

Es konnte gezeigt werden, dass in den Legierungen die Seltenen Erden je nach Herstellungstechnologie mehr oder weniger inhomogen verteilt vorliegen. Am Rand des Implantats löst sich das Material auf und es wird eine deutliche Anreicherung der Elemente Aluminium, Kalium und Phosphor in der Auflösungszone zwischen Implantat und Knochengewebe beobachtet. Denkbar ist, dass in diesem Bereich eine stabile Magnesium-Aluminium-Verbindung gebildet wird, die sehr viel weniger korrosionsempfindlich als die ursprüngliche Legierung ist, wodurch es zu keiner weiteren Verteilung des Aluminiums im umgebenden Knochen kommt.

Bei längerer Verweildauer – mehr als sechs Wochen – des Implantats im Knochen kann neben einem merklichen Abbau der Legierung eine Knochenneubildungszone im Abstand von wenigen hundert Mikrometern um das sich auflösende Implantat nachgewiesen werden. Die Konzentration der Abbauprodukte der Legierung ist bereits im Abstand von maximal einem Millimeter auf den Durchschnittswert im Knochen abgesunken. Von den untersuchten Elementen wurde nur für Lithium eine signifikante Anreicherung während des Legierungsabbaus um den Faktor 100 gegenüber den Ausgangswerten und nur im Knochen beobachtet.

3.3 Mikrobiosensoren für die Medizinische Analytik
Sensible Sensoren

33. Woche *Gerald Urban, Albrecht-Ludwigs-Universität Freiburg, IMTEK-Sensoren*

In der modernen Medizin ist die sofortige Analytik von verschiedenen Blutparametern eine unbedingte lebensnotwendige Voraussetzung. Für diese Analytik benutzt man so genannte Labor-am-Chip-Anwendungen, die kostengünstig, dezentral und einfach zu bedienen sein müssen. Diese Anforderungen können durch Integration von Sensorarrays mit mikrofluidischer Probenaufbereitung und Datenauswertung in einem hybriden Chipsystem erfüllt werden.

Wissenschaftler haben für derartige Sensorarrays bereits unterschiedliche Sensorkomponenten entwickelt: thermische Sensoren, Chemo- und Biosensoren sowie komplexe Bioassays. Um jedoch innovative Sensoren zu entwickeln, muss man zu speziellen Sensortechnologien greifen, etwa zu nanotechnologischen Verfahren und polymeren Mikrotechnologien.

33. Woche

Kapitel 3 Im Dienst der Gesundheit

Bioanalytische Mikrosysteme

Bioanalytische Mikrosysteme sind komplette analytische Labore auf einem Chip mit Sensorarrays und integrierter Mikrofluidik. Sie können sowohl zur kontinuierlichen Messung metabolischer Parameter in unverdünnten Proben wie Vollblut ohne Probenvorbereitung als auch quasikontinuierlich für Assays verwendet werden. Als Sensoren werden Biosensoren eingesetzt, die als Messelement spezifische Enzyme verwenden und deren Reaktionsprodukte elektrochemisch gemessen werden. Es ist möglich, Mikro-Durchflusszellen mikrotechnologisch herzustellen, die ein Volumen von nur 150 Nanolitern haben und über eine Gegenelektrode, eine Mischsäule mit einem Volumen von 100 Nanolitern, Einlässe und Auslässe sowie elektrische Kontakte verfügen. Dabei werden die Kanäle für die Mikrofluidik kostengünstig aus lichtempfindlichen Materialien gefertigt – den so genannten photostrukturierbaren Trockenresists deren Löslichkeitsverhalten sich durch Belichtung ändert.

Für ein amperometrisches Biosensor-Array zur Messung von Glukose, Laktat, Glutamin und Glutamat haben wir Chips mit fünf Platinelektroden, einer Referenzelektrode sowie einem Temperatursensor in Dünnschichttechnologie zu je 66 Stück am Wafer hergestellt. Um ein Biosensorarray herzustellen, haben wir spezifische Enzyme in photovernetzbare Membranen eingebracht. Mit dieser Technologie lassen sich auch Enzymaktivitäten messen, etwa bestimmte Leberwerte. Koppelt man derartige Biochips mit implantierbaren mikrofluidischen Elementen, kann man schon heute die gewünschten Daten direkt am Patienten überwachen.

42. Woche

Bioanalytische Mikrosysteme: Mikrodurchflusszelle (links) und Biosensor-Array (rechts)

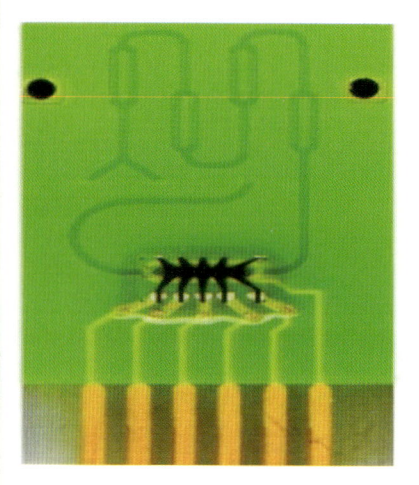

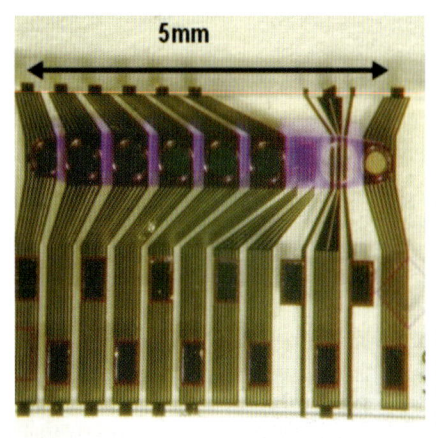

Nanobiosensorik

Für Analytik von Zellen setzt man nanotechnolgische Verfahren ein. Interessante Nanobiosensoren sind zum Beispiel beschichtete Halbleiter-Nanopartikel. Diese Halbleiter-Nanopartikel haben ein homogenes optisches Absorptionsverhalten und gleichzeitig eine einstellbare schmalbandige Fluoreszenzemission. Solche leuchtenden Nanopartikel setzt man zur Markierung biologischer Moleküle ein. Mit ihrer Hilfe kann man unterschiedliche biologische Zielstrukturen in und an einer Zelle gleichzeitig dreidimensional markieren und damit deren Dynamik sichtbar machen.

Lumieszierende Halbleiter-Nanokristalle

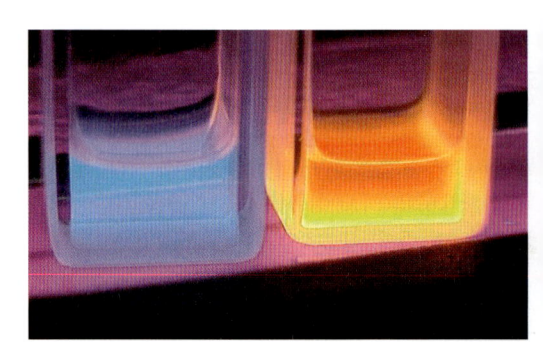

3.4 Biosensoren als wichtige Werkzeuge in der Pharmazie
Auf der Suche nach Arzneistoffen

42. Woche *Michael Keusgen und Markus Hartmann, Institut für Pharmazeutische Chemie, Philipps-Universität Marburg*

In den vergangenen Jahren wurden Biosensoren für vielfältige analytische Aufgaben entwickelt. Im Vordergrund standen dabei Anwendungen aus dem klinisch-medizinischen Bereich, der Fermentationskontrolle, der Qualitätskontrolle von Lebensmitteln sowie der Umweltanalytik. Die Einsatzmöglichkeiten von biosensorischen Techniken sind jedoch weitaus vielfältiger: Einerseits kann man mit ihrer Hilfe sehr spezifisch Strukturelemente erkennen, die für potentielle Arzneistoffe charakteristisch sind. Andererseits sind Assays realisierbar, mit denen Arzneistoffwirkungen erfassbar sind. Biosensoren sind also in der Pharmazie zu einem wichtigen Werkzeug geworden.

Im Dienst der Gesundheit

Kapitel 3

Elektrochemische Biosensoren

Die Gruppe der elektrochemischen Sensoren umfasst amperometrische, potentiometrische und konduktometrische Biosensoren.

Bei einem amperometrischen Sensor ist typischerweise ein Enzym auf einer Elektrodenoberfläche immobilisiert. Kommt es nun zu einer enzymatischen Umsetzung eines passenden Analyten an der Elektrodenoberfläche, so führt diese Reaktion zu einem veränderten Strom zwischen den beiden Elektroden. Derartige Sensoren wurden bereits für die Erfassung von Flavonoiden, Polyphenolen oder allgemein antioxidativ wirksamen Substanzen entwickelt.

Im Gegensatz dazu lassen sich mit potentiometrischen Biosensoren pH-aktive Enzymprodukte erfassen. Als Sensorelement dient hierbei eine pH-Elektrode. Solche Applikationen konnten in jüngster Zeit – bedingt durch Entwicklungen in der Halbleiter-Technologie – immer stärker miniaturisiert werden. PH-sensitive Halbleiterbausteine wie Ionenselektive Feldeffekttransistoren (ISFET) oder Elektrolyt/Isolator/Halbleiter-(EIS)-Bauelemente sind deshalb heutzutage erfolgreich mit Enzymen kombinierbar. Dadurch wird es möglich, viele verschiedene Biosensoren zu einem einzigen Sensor-Array zu kombinieren und somit eine entsprechende Anzahl von Parametern parallel abzufragen. Bislang hat man elektrochemische Sensoren entwickelt, mit denen sich Penicilline, Cysteinsulfoxide und cyanogene Glykoside nachweisen lassen.

Optische Biosensoren

Der klassische optische Biosensor besteht aus einer Glasfaser, an deren Ende ein Enzym oder ein Antikörper immobilisiert wurde. Ein Nachteil dieses klassischen Detektionsprinzips ist jedoch, dass es immer auf eine farbliche Markierungsreaktion, beispielsweise eine Fluoreszenzmarkierung, angewiesen ist, die in das Gesamtsystem integriert werden muss.

Ohne Markierung kommen dagegen moderne optische Biosensoren aus, die etwa die „Oberflächenplasmonresonanz" (Surface Plasmon Resonance, SPR), die „Spektralphasen-Interferenz" (SPI) oder die „Reflektometrische Interferenz-Spektroskopie" (RIfS) nutzen. Alle drei Methoden werden bereits für Biosensoren eingesetzt, die man zum Screening auf potentielle Wirkstoffe verwendet. Weit fortgeschritten ist zum Beispiel ein System zum Nachweis auf Estrogene. Und es gibt umfangreiche Untersuchungen, um neue Thrombin-Inhibitoren mittels SPR und RIfS zu finden. Thrombin-Inhibitoren sind als Wirkstoffe zur Unterdrückung der Blutgerinnung von Interesse. Weitere Beispiele sind ein Biosensor zum Nachweis von HIV-Protease-Inhibitoren, um neue Wirkstoffe gegen AIDS zu finden, sowie ein Biosensor auf SPI-Basis zum Nachweis von Lektinen.

Ganzzell-Biosensoren

Mit den bisher genannten Sensoren erhält man meist strukturelle und weniger funktionelle Informationen. Informationen über die Funktion potentieller Wirkstoffe sind aber gerade beim Pharma-Screening von großer Bedeutung. Denn Arzneimittelwirkungen sind häufig sehr komplex und lassen sich nur in ausgewählten Fällen auf einfache Rezeptor-Ligand-Interaktionen reduzieren. Aus diesem Grund ist es häufig erforderlich, ganze Zellen oder sogar Gewebeteile mit in den Assay einzubeziehen.

Für diese Applikationen müssen lebende Zellen auf einen Träger fixiert werden, was im einfachsten Fall durch Aufwachsen erfolgt. Im Idealfall ist der Träger ein Halbleitermaterial, in das sich relativ leicht Mikroelektroden oder komplette Halbleiterschaltkreise integrieren lassen, die eine Stimulation der Zellen sowie ein Ableiten der Potentiale ermöglichen.

Ganzzell-Biosensoren wurden bislang beispielsweise zum Nachweis von L-Lymphozyten-Aktivatoren sowie Wirkstoffen, die mit G-Protein gekoppelten Rezeptoren interagieren, realisiert.

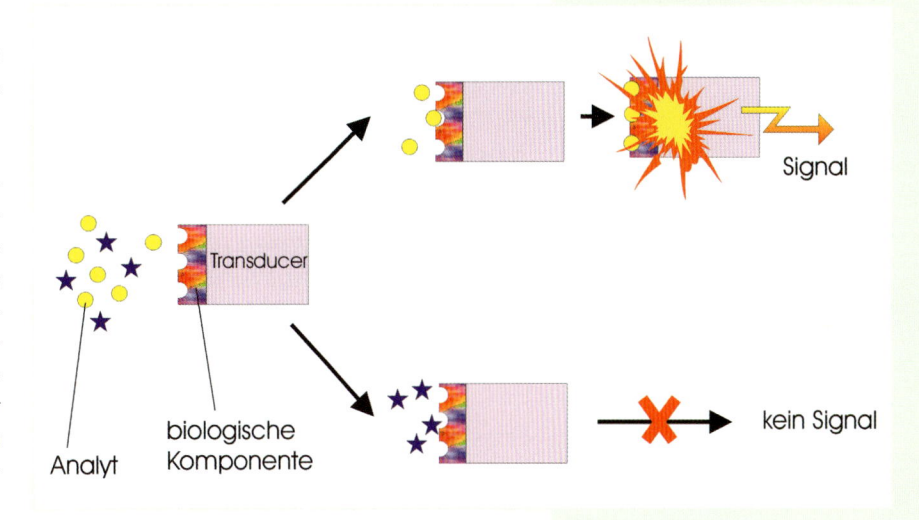

Funktionsprinzip eines Biosensors

Kapitel 3 Im Dienst der Gesundheit

45. Woche

3.5 Die Bestimmung von Immunsuppressiva mittels LC-MS als Beispiel für das Therapeutische Drug Monitoring (TDM)

Klinische Überwachung von Arzneimitteln

45. Woche *Autoren Nicole Jachmann und Kai Bruns Johannes Gutenberg Universität Mainz, Institut für Klinische Chemie und Laboratoriumsmedizin*

Eines der bedeutendsten Ereignisse in der Geschichte der Organtransplantation war die erste gelungene Verpflanzung eines menschlichen Herzens durch den Chirurgen Christiaan Barnard im Dezember 1967. Erste Versuche, Organe des Menschen zu ersetzen, gab es jedoch schon weit früher.

Im 17. Jahrhundert wurde erstmals versucht, krankes Gewebe – in diesem Falle Haut – beim Menschen zu transplantieren. Anfang des 19. Jahrhunderts führte der Österreicher Emerich Ullmann erstmalig eine Nierentransplantation bei einem Hund durch. Ungefähr zur selben Zeit versuchte Alexis Carrel nicht nur Nieren, sondern auch Hundebeine zu verpflanzen. Er bemerkte als einer der ersten, dass die Organverpflanzung innerhalb eines Individuums funktionierte (Autotransplantation), die Übertragung eines Organs von einem Individuum auf ein anderes dagegen fehlschlug (Allotransplantation).

In den USA wurden in den 1950er Jahren mehrere menschliche Nieren verpflanzt. Sie wurden jedoch aufgrund der Immunabwehr des Empfängers abgestoßen und funktionierten deshalb nur wenige Tage. 1954 gelang schließlich die erste erfolgreiche Nierentransplantation in Boston. Die Chirurgen entnahmen das Organ dem eineiigen Zwilling des Patienten. So war eine größtmögliche Ähnlichkeit des Gewebes gegeben, denn eineiige Zwillinge haben die gleichen Gene, deshalb spricht man auch vom gleichen Haplotyp. Der Patient überlebte mit der neuen Niere acht Jahre. Er verstarb an einem Herzinfarkt.

Heute gehören Verpflanzungen von Niere, Leber, Herz und Bauchspeicheldrüse zur Routine der Transplantationschirurgie. Voraussetzung dafür war neben der Entwicklung der Operationstechniken vor allem die pharmakologische Unterdrückung der Abstoßungsreaktion mit modernen Immunsuppressiva.

Immunsuppressiva

Bereits vor 1960 haben Ärzte Kortikosteroide und Azathioprin bei Transplantations-Patienten eingesetzt. Die eigentliche Entwicklung von Arzneimitteln zur spezifischen Unterdrückung der Immunabwehr begann aber erst in den 1960er-Jahren in den USA. Ein Durchbruch gelang den Forschern Ende der 1970er-Jahre mit dem sehr spezifisch immunsuppressiv wirkenden Inhaltstoff eines Pilzes – dem Cyclosporin. Cyclosporin wurde Anfang der 1980er-Jahre auch in Deutschland zugelassen. In den darauf folgenden Jahren folgten weitere Wirkstoffe wie Tacrolimus und Sirolimus. Tacrolimus wird wie Cyclosporin aus einer Pilzart gewonnen, Sirolimus hingegen wird von Bakterien produziert. Die entsprechenden Mikroorganismen produzieren diese Substanzen zu ihrem eigenen Schutz. Der Aufbau der drei Substanzen ist sehr ähnlich. Chemisch gehören sie zur Gruppe der macroliden Lactone.

Das größte Problem dieser Medikamente ist ihre Dosierung. Dosiert man die Medikamente zu niedrig, steigt das Risiko unerwünschter Abstoßungsreaktionen des Spenderorgans stark an. Ist das Medikament zu hoch dosiert, kommt es zu unerwünschten Nebenwirkungen. Das Immunsystem wird so stark unterdrückt, dass der Patient durch banale Infektionen lebensbedrohlich erkranken kann. Außerdem sind Immunsuppressiva in unterschiedlichem Maß toxisch für verschiedene Organe, wie Niere oder Leber. Aus diesem Grunde überwacht man die Medikamentenspiegel im Blut sehr genau. Dieses Vorgehen nennt man „Therapeutisches Drug Monitoring" (TDM). Es wird vor allem angewandt bei

Aus der Natur stammende Wirkstoffe zur spezifischen Unterdrückung der Immunabwehr nach Transplantationen: Sirolimus und Tacrolimus.

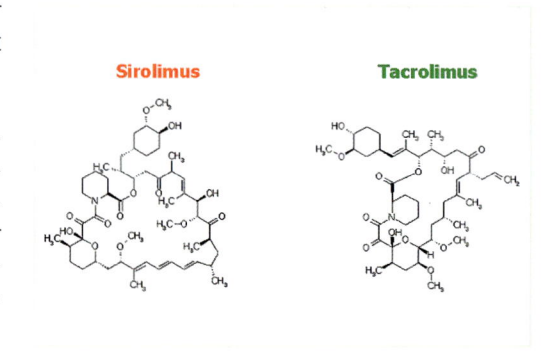

Im Dienst der Gesundheit

Medikamenten, die eine geringe therapeutische Breite haben.

Therapeutisches Drug Monitoring (TDM) bei Immunsuppressiva

Immunsuppressiva können mit den verschiedensten analytischen Methoden quantitativ bestimmt werden. Eine häufig angewandte Methode ist die Bestimmung mit immunologischen Testverfahren. Für diese Tests werden Antikörper benötigt, die das Medikament als Antigen binden. Ein großes Problem dieser Antikörper ist, dass sie beispielsweise mit nicht-wirksamen Metaboliten des Medikamentes kreuzreagieren und so die Konzentration des Medikamentes höher gemessen wird, als eigentlich in der Probe vorhanden. Ursache hierfür ist, dass die Antikörper nicht gegen das gesamte zu bestimmende Molekül gerichtet sind, sondern nur gegen eine oder mehrere chemische Gruppen. Diese Gruppen können auch andere Moleküle aufweisen, insbesondere die Metaboliten des zu bestimmenden Medikaments. Ein weiteres Problem dieser immunologischen Methoden sind die Kosten. Die herzustellenden monoklonalen Antikörper, die aus Mäusen gewonnen werden, sind entsprechend teuer. Hinzu kommen die Kosten für eine langwierige Testentwicklung.

Aus diesem Grunde gewinnen zunehmend andere analytische Methoden an Bedeutung. So zum Beispiel die Bestimmung mittels flüssigchromatographischer Trennung und anschließender massenspektrometrischer Detektion, die so genannte LC-MS-Methode. Ein Vorteil dieser Methode ist, dass anhand des Molekulargewichts nur das zu bestimmende Medikament gemessen wird. Metaboliten, die ein anderes Molekulargewicht besitzen, interferieren dagegen nicht. Es werden also nicht wie bei immunologischen Methoden zu hohe Konzentrationen gemessen aufgrund von Kreuzreaktivitäten. Ein weiterer Vorteil der LC-MS-Bestimmung ist, dass mehrere Analyten simultan bestimmt werden können, so dass Zeit und Kosten gespart werden können.

Perspektive der LC-MS-Methode

Die LC-MS-Methode wird zukünftig die Methode der Wahl beim TDM sein, da mit ihr schnell und zuverlässig Methoden für neue Medikamente entwickelt werden können. Die Bestimmung der Immunsuppressiva ist hier nur der erste Schritt in diese Richtung.

3.6 Markerfreie Bildgebung mittels Raman- und Infrarot-Spektroskopie
Einblick in Zellen und Gewebe

47. Woche *Christoph Krafft und Reiner Salzer, Institut für Analytische Chemie, Technische Universität Dresden*

Zellen und Gewebe enthalten überwiegend farblose Biomoleküle. Um biologische Proben mittels Lichtmikroskopie darzustellen, müssen deshalb einzelne Bestandteile mit Farbstoffen markiert werden. Der Kontrast beruht dann auf den Eigenschaften der Markierungen, die Licht absorbieren und gegebenenfalls absorbierte Energie in Form von Fluoreszenz abgeben. Routinemäßig werden diese Verfahren unter anderem in der Pathologie und Zytologie eingesetzt, um Gewebeproben zu bewerten und zelluläre Prozesse zu untersuchen. Nachteile sind, dass erstens die Probenpräparation aufwendig ist, zweitens pathologische Befunde umfangreiches Expertenwissen voraussetzen und drit-

Kapitel 3 Im Dienst der Gesundheit

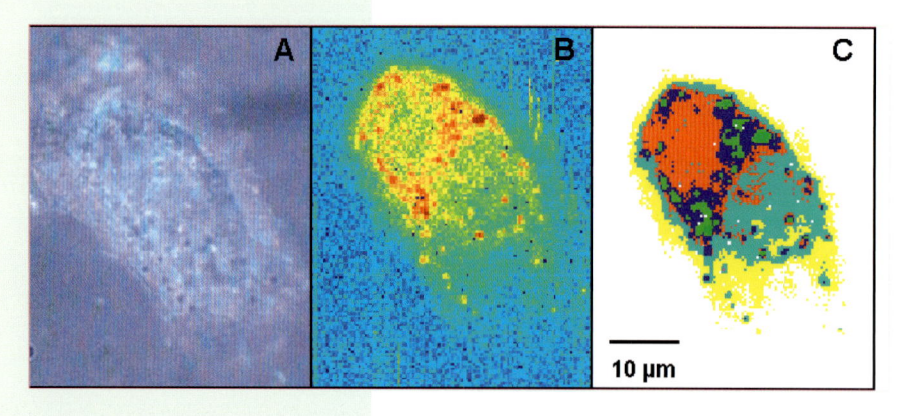

Lichtmikroskopische Aufnahme (A) und Raman-Maps (B, C) einer fixierten Zelle im wässrigen Medium. Der Farbkode entspricht den Intensitäten (B) und der Zugehörigkeit zu sechs Clustern (C): Zellkern (rot), Zytoplasma (cyan, blau), Vesikel (hellgrün, dunkelgrün) und Membran (gelb).

tens der Informationsgehalt durch die Art und Anzahl der Markermoleküle begrenzt wird. Dagegen basiert bei den schwingungsspektroskopischen Methoden Raman- und Infrarot- (IR-) Spektroskopie der Kontrast auf Molekülschwingungen, aus denen chemische Zusammensetzungen und Strukturen von Gewebe und Zellen ohne zusätzliche Markierungen gewonnen werden können.

Raman- und IR-Spektren von Biomolekülen

Bei der IR-Spektroskopie werden Schwingungen durch Absorption von Strahlung im mittleren Infrarot-Bereich angeregt. Bei der Raman-Spektroskopie werden Schwingungen durch inelastische Streuung von Licht angeregt, üblicherweise im sichtbaren oder nahen Infrarot-Bereich von 400 bis 1000 Nanometern. IR- und Raman-Spektren liefern einen sehr empfindlichen Fingerabdruck von Molekülen. In biologischen Proben wie Zellen und Geweben überlappen die spektralen Beiträge der einzelnen Komponenten zu sehr komplexen Mustern, für deren Interpretation mathematische Algorithmen herangezogen werden.

Raman-Mapping

Mapping verbindet die spektroskopische Information mit Ortsinformationen, indem das Licht des Anregungslasers auf die Probe fokussiert wird und Spektren sequentiell von jedem Messpunkt aufgenommen werden. Die Gesamtmesszeit setzt sich aus der Anzahl der Einzelmessungen und der Zeit für jede Einzelmessung zusammen. In unserer Arbeitsgruppe setzen wir Raman-Mapping ein, um einzelne Zellen zu untersuchen, da die Technik ein höheres Auflösungsvermögen besitzt als die IR-Spektroskopie.

FTIR-Imaging

Imaging ist eine alternative Technik, um spektroskopische mit lateralen Informationen zu kombinieren. Hier regt eine Strahlungsquelle die Probe homogen an und über ein optisches System wird das Messsignal auf einem Vielkanaldetektor abgebildet. Die spektroskopische Information wird registriert, indem Images für jeden spektralen Punkt aufgenommen werden und nach Abschluss der Messung für jeden Detektorkanal zu Spektren zusammengefügt werden. In unserer Arbeitsgruppe setzen wir Fourier-Transform-Infrarot- (FTIR-) Imaging ein, um Gewebedünnschnitte zu untersuchen. Hauptvorteil gegenüber dem Mapping ist eine geringere Gesamtmesszeit von wenigen Minuten.

Datenauswertung

Zur Analyse der Daten wenden wir verschiedene Verfahren an. Um ein Bild zu erhalten können ähnliche Spektren durch eine Cluster-Analyse in Klassen sortiert werden. Die Cluster-Zugehörigkeit wird farblich kodiert und liefert eine Falschfarbenabbildung der Probe. Auf diese Weise erhält man die Morphologie und eine chemische Analyse von jedem Messpunkt. Im Gegensatz zu dieser unüberwachten Auswertung erfordern überwachte Klassifikationen wohldefinierte Daten. Anhand dieser Daten wird dann ein Modell entwickelt, das den spektralen Fingerabdruck einer bestimmten Klasse zuordnet. Ziel ist es, das Modell auf Spektren von unbekannten Proben anzuwenden. Die Klassenzuordnungen werden farblich kodiert dargestellt und können ähnlich interpretiert werden wie gefärbte Gewebepräparate.

Schlußfolgerungen

Raman-Mapping und FTIR-Imaging können etablierte Methoden ergänzen, um Tumore von normalem Gewebe zu unterscheiden, den Tumortyp zu identifizieren, den Tumorgrad zu bestimmen und subzelluläre Strukturen aufzulösen. Operationsbegleitende Anwendungen sind möglich, wenn die Techniken mit faseroptischen Sonden gekoppelt werden.

Ungefärbter Dünnschnitt von Hirngewebe (A), FTIR-Image dieser ungefärbten Gewebeprobe (B) und Hämatoxylin-Eosin gefärbter Parallelschnitt (C). Der Kontrast in (A) erlaubt keine Aussagen über die Lokalisation des Tumors oder den Tumortyp. Pathologische Bewertung von (C) lieferte den Befund „Verdacht auf Metastase eines Nierenzellkarzinoms". Überwachte Klassifikation des FTIR-Image: normales Gewebe (grün), Übergang zum Tumor (blau), Hirnmetastase eines Nierenzellkarzinoms (rot).

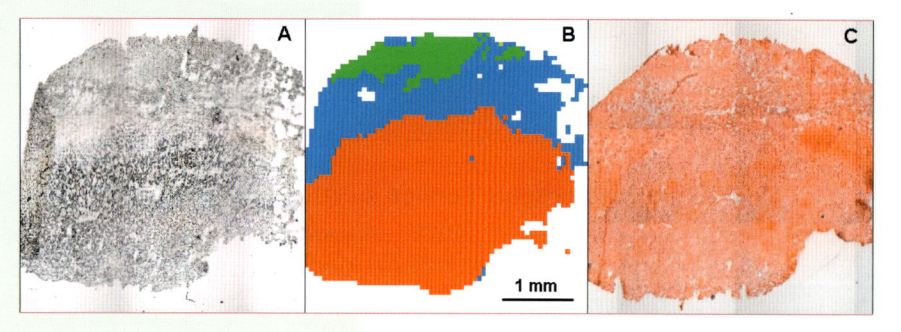

Ihre Antworten sind uns wichtig

Gewinnen Sie
iPod®nano oder
Schweizer Messer mit USB-Stick oder
von 2 Axia Jacken oder
von 10 Gemini-Poloshirts

Einsendeschluss: 30. Juni 2006

Nehmen Sie Ihre Chance auf den Gewinn eines iPods wahr, indem Sie uns alle folgenden Fragen beantworten:

1. Setzen Sie HPLC Bulk Medien ein?
☐ Ja   ☐ Nein (Wenn nein, bitte weiter zu Frage #4)

2. Wenn ja, von welchem(n) Hersteller(n)?

Material	Jahresbedarf	Kosten/Kg
☐ Kromasil®/Eka Chemicals		
☐ Phenomenex		
☐ YMC®/YMC Co. Ltd		
☐ DAISOGEL®/DAISO Co.		
☐ Vydac®/GraceVydac		
☐ TSKgel®/Tosoh Corporation		
☐ PLRP-S®/Polymer Labs		
☐ Anderes _____		

3. Wenn Sie ein DAC (Dynamic Axial Compression)-System einsetzen, welches setzen Sie ein?
☐ NovaSep/Prochrom®
☐ MODCol® Spring Säulen
☐ Varian Load & Lock®, RamPak®
☐ Merck KGaA Self-Packer®
☐ Andere _____

4. Welchen Säulendurchmesser (ID) setzen Sie ein?
(Bitte kreuzen Sie alle zutreffenden an)

	Menge/Jahr		Menge/Jahr		Menge/Jahr
☐ 21,2mm	_____	☐ 75mm	_____	☐ 200mm	_____
☐ 30mm	_____	☐ 100mm	_____	☐ 300mm	_____
☐ 50mm	_____	☐ 150mm	_____	☐ Andere	_____

5. Welche Säulenlänge setzen Sie ein?
(Bitte kreuzen Sie alle zutreffenden an)

	Menge/Jahr		Menge/Jahr		Menge/Jahr
☐ 50mm	_____	☐ 100mm	_____	☐ 200mm	_____
☐ 75mm	_____	☐ 150mm	_____	☐ Andere	_____

6. Welche Materialeigenschaften sind Ihnen beim Scale-up Prozess wichtig? (Bitte kreuzen Sie alle zutreffenden an)
☐ Beladbarkeit   ☐ Selektivität
☐ Standzeit   ☐ Reproduzierbarkeit

7. Wenn präparative Medien oder Säulen von Phenomenex Ihnen diese Verbesserungen bieten… (Bitte kreuzen Sie alle zutreffenden an)
☐ Beladbarkeit   ☐ Selektivität
☐ Standzeit   ☐ Reproduzierbarkeit

…, würden Sie die Phenomenex Säulen/Medien testen?
☐ Ja
☐ Nein. Warum nicht? _____

8. Sind Sie an einem kostenlosen, englischsprachigen Web-Seminar über Verbesserungen des Packprozesses interessiert?
☐ Ja, ich würde das gerne für meine Firma wahrnehmen
☐ Nein, aber ich empfehle Ihnen als Kontakt: _____

Bitte tragen Sie hier Ihre Adresse ein:

☐ Herr   ☐ Frau   ☐ Dr.   ☐ Prof.

Name: _____
Firma: _____
Adresse: _____
_____
_____
Postleitzahl: _____   Ort: _____
Tel: _____   Fax: _____
Email: _____

iPod® ist ein eingetragenes Markenzeichen von Apple Computer, Inc.. Kromasil® ist ein eingetragenes Markenzeichen von Eka Chemicals. YMC® ist ein eingetragenes Markenzeichen der YMC Co. DAISOGEL® ist ein eingetragenes Markenzeichen der DAISO Co.. Vydac® und MODcol® sind eingetragenes Markenzeichen von GraceVydac. TSKgel® ist ein eingetragenes Markenzeichen der Tosoh Corporation. PLRP-S® ist ein eingetragenes Markenzeichen von Polymer Labs. Prochrom® ist ein eingetragenes Markenzeichen von NovaSep. Load & Lock® und RamPak® sind eingetragene Markenzeichen von Varian. Self-Packer® ist ein eingetragenes Markenzeichen der Merck KGaA. Gemini™ ist ein Markenzeichen von Phenomenex, Inc. © 2006 Phenomenex, Inc. All rights reserved.

phenomenex®
…breaking with tradition™

Fax: 06021-5883011 oder an **Phenomenex, Zeppelinstr. 5, 63741 Aschaffenburg**

4
Wissen, was man isst und trinkt!

4 Wissen, was man isst und trinkt!

Man ist was man isst – nimmt man dieses Sprichwort ernst, sollte man auch genau wissen, was man isst und trinkt! Schließlich machen Meldungen von Stoffen, die eigentlich nicht in den Wein gehören, ebenso die Runde, wie Schlagzeilen über giftige Muscheln oder quecksilberhaltige Meeresfrüchte. Und auf kaum einem Gebiet sind wir so empfindlich wie bei der Frage nach der Qualität unserer Lebensmittel. Eine moderne Analytik trägt hier wesentlich zur einwandfreien Zusammensetzung unserer Nahrungsmittel bei, damit wir wissen, was wir essen und trinken.

4.1 Nachweis von Pflanzenschutzmittelrückständen in Wein mittels SPME-GC/MS
In Vino Veritas?

30. Woche *Susanne Jaeger und Wilhelm Lorenz, Martin-Luther-Universität Halle-Wittenberg, Institut für Lebensmittelchemie und Umweltchemie*

Pflanzenbehandlungs- und Schädlingsbekämpfungsmittel (PSM) finden heute in der Landwirtschaft eine breite Anwendung. Allein in Deutschland sind etwa 226 Wirkstoffe zugelassen. Im Weinbau werden PSM zur Fäulnishemmung und gegen die Traubenmotte eingesetzt. Wenn die Anwendungsvorschriften beachtet werden, finden sich im fertigen Weinerzeugnis keine oder nur geringe Pestizidrückstände. Der Gesetzgeber hat für PSM in den verschiedensten Lebensmitteln zulässige Grenzwerte festgelegt. Die für den Menschen gesundheitlich unbedenkliche Schadstoffmenge wird in der Regel in den Rückstandshöchstmengenverordnungen festgelegt. So sind zwar Rückstandshöchstmengen für Tafeltrauben oder Keltertrauben festgelegt, jedoch nicht für Wein.

Methoden zur Untersuchung von flüssigen Lebensmitteln

Die Gaschromatographie (GC), gekoppelt mit einem leistungsfähigen Detektor wie dem Massenspektrometer (MS), zählt heute zu den empfindlichsten Analysenverfahren, die in der modernen Rückstandsanalytik eingesetzt werden. Die Proben können mit unterschiedlichen Methoden für die instrumentelle GC/MS-Bestimmung vorbereitet werden. Insbesondere die Flüssig-Flüssig-Extraktion und die Festphasenextraktion (SPE) haben sich als Routinemethoden in analytischen Labors bewährt. Seit einigen Jahren wird auch die neu entwickelte Methode der Festphasenmikroextraktion (Solid-phase microextraction, SPME) genutzt. Als Extraktionsmittel kommt hierbei ein hochviskoses Polymer oder Copolymer in Frage, das auf eine Quarzglasfaser aufgebracht ist.

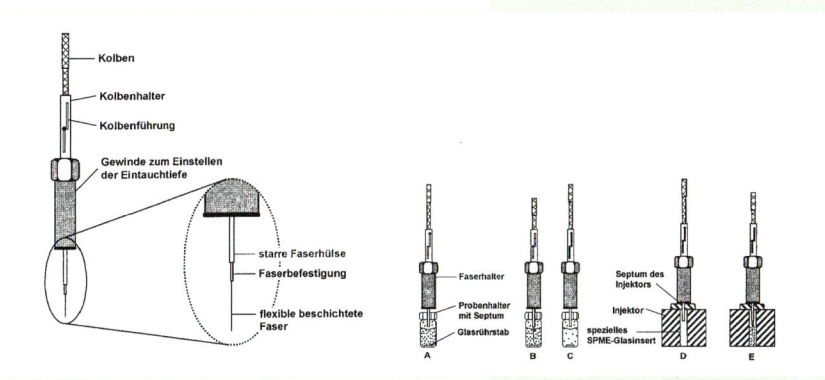

Schema der Festphasenmikroextraktion (SPME)

Mit Hilfe einer spritzenähnlichen Halterung lässt sich diese Faser direkt in die Probe oder deren Dampfraum bringen. Dadurch können Extraktion, Konzentration, Fraktionierung und Isolierung der Analyten in einem einzigen Arbeitsgang zusammengefasst werden. Die SPME kommt ohne Lösungsmittel aus und ist kosten- und zeitsparend. Denn eine Faser kann etwa 100 Mal verwendet werden und für eine Analyse einschließlich Chromatographie braucht man nur ein bis zwei Stunden. Seit ihrer Entwicklung Ende der 90er Jahre wird die SPME vor allem auch in der Lebensmittelanalytik eingesetzt. So konnten beispielsweise Methoden entwickelt werden, mit denen sich Aromastoffe in Käse, Wein oder Spaghetti ebenso nachweisen lassen wie Antibiotika in Milch, Nitrosamine in Räucherschinken oder Phenole in Honig.

Erarbeitung einer Multimethode

Wir haben die Festphasenmikroextraktion genutzt, um eine Analysenmethode zu erarbeiten, mit der wir acht PSM in Weinproben gleichzeitig bestimmen können. Dazu haben

Kapitel 4 Wissen, was man isst und trinkt!

34. Woche

wir PSM ausgewählt, die häufig mit relativ hohen Rückstandsmengen in Weinen aus der europäischen Union nachgewiesen werden können: Dimethoat, Vinclozolin, Procymidon, Methidathion, Omethoat, Fludioxonil und Iprodion. Um diese Multimethode für den Routinebetrieb zu etablieren, mussten wir vor allem das SPME-Verfahren optimieren – also Faktoren wie Anreicherungszeit, Desorptionszeit, Faserbeschichtung und Eintauchtiefe der Faser im Injektor. Nach der Anreicherung der Wirkstoffe erfolgt die Stofftrennung auf einer Trennkapillare im GC. Um eine komplette Untersuchungsmethode zu etablieren, sind zudem umfangreiche Zusatzversuche zur Kalibrierung des Gesamtverfahrens mit Hilfe von Original-Referenzsubstanzen notwendig.

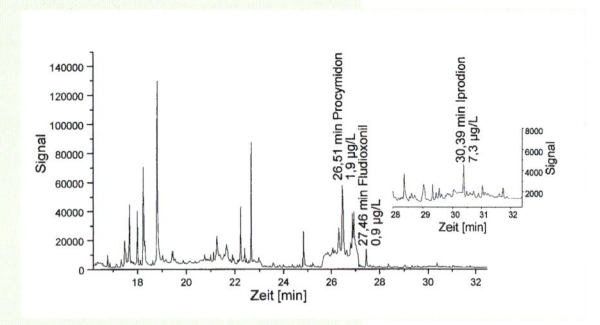

GC/MS(SIM)-Chromatogramm einer Weißweinprobe. In einer typischen GC/MS(SIM)-Methode werden für jede zu bestimmende organische Substanz eine oder mehrere charakteristische Molekül-Ionen oder Fragment-Ionen detektiert.

Nachgewiesene Rückstände in ausgewählten Weinen

Wir haben 21 Rotweine, 3 Roséweine und 16 Weißweine aus verschiedenen Ländern untersucht und haben Rückstände von Vinclozolin, Procymidon, Fludioxonil sowie Iprodion gefunden. In 24 Weinen konnten wir zwei oder mehr Substanzen nachweisen. Die höchsten Rückstandsmengen waren: 26 Mikrogramm Procymidon pro Liter, 38 Mikrogramm Fludioxonil pro Liter und 670 Mikrogramm Iprodion pro Liter. Sie wurden insbesondere in ausländischen Weinen aus den USA, Chile und Australien gefunden. In drei Weinen konnten keine Rückstände nachgewiesen werden.

Unsere Ergebnisse bestätigen vergleichbare Untersuchungen anderer Laboratorien und belegen Defizite bei der Wirkstoffanwendung im Weinanbau, insbesondere die Nichtbeachtung der Anweisungen der Pflanzenschutzmittelhersteller.

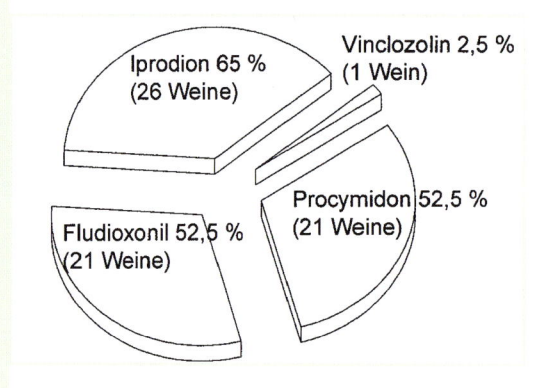

Anzahl der Weine mit nachweisbaren Wirkstoffgehalten

4.2 Analytik von Schwermetallspezies mit Kapillar-Gaschromatographie und induktiv gekoppeltem Plasma-Massenspektrometer
Limitiert Methylquecksilber den Genuss von Seafood?

34. Woche   *Klaus G. Heumann und Nataliya Poperechna, Institut für Anorganische Chemie und Analytische Chemie der Johannes Gutenberg-Universität Mainz*

Auch in Ländern wie Deutschland, die nur einen geringen Küstenstreifen besitzen, wird Seafood in den letzten Jahren immer populärer. Dass höhere Quecksilberkonzentrationen in der Umwelt Probleme machen können, ist den Meisten grundsätzlich bekannt. Dass aber wegen Quecksilber auch vor dem Genuss gewisser Fischsorten gewarnt wird, ist erst wenige Jahre alt. Den Grund für diese Warnungen verstehen jedoch nur die Wenigsten. Warum warnt man beispielsweise besonders vor dem Verzehr von Haifleisch und nicht vor demjenigen von Muscheln?

Ausgangspunkt hierfür war eine Studie der Environmental Protection Agency (EPA) aus dem Jahre 2001. Sie beschäftigt sich mit dem Einfluss von Methylquecksilber auf die menschliche Gesundheit. Quecksilber kommt in verschiedenen Verbindungsformen, sogenannten Spezies, in unserer Umwelt vor: vor allem als elementares Quecksilber in der Atmosphäre, als anorganisch gebundenes Quecksilber in der Erdkruste und in Ozeanen sowie als organisch gebundenes Quecksilber. Ein Beispiel für letzteres ist das biogene Monomethylquecksilber. Es ist um ein Vielfaches toxischer als elementares oder anorganisch gebundenes Quecksilber. Denn Methylquecksilberspezies können die Blut/Hirnschranke überwinden und damit das zentrale Nervensystem schädigen. Außerdem ist diese Verbindung Plazenta gängig und damit für Schwangere und ihre ungeborenen Kinder besonders gefährlich.

Im Meer lebende Mikroorganismen und Algen können anorganisch gebundenes Quecksilber in Methylquecksilber umwandeln. Die dadurch entstehende natürliche Konzentration an Methylquecksilber im Meer ist extrem gering – und damit ungefährlich. Die Gefahr besteht jedoch darin, dass sich das Monomethylquecksilber vor allem in Fischen und anderen Meerestieren anreichert. Während

Wissen, was man isst und trinkt! Kapitel 4

die von uns weltweit gemessenen Konzentrationen in Meerwasser selten einen Wert von 0,1 Nanogramm pro Liter Meerwasser überschreiten, liegen die bisher bekannten Konzentrationen dieser Verbindung in Fischen teilweise um viele Größenordnungen höher. Sie können sogar bis zu einigen Mikrogramm pro Gramm betragen. Der dauerhafte Verzehr von Fisch mit Methylquecksilberkonzentrationen in diesem Konzentrationsbereich bewirkt schwerste Gesundheitsschädigungen bis hin zum Tod. Dies musste die Bevölkerung des Ortes Minamata auf der japanischen Insel Kyushu in den 50-er Jahren des letzten Jahrhunderts leidvoll erfahren. Damals hat man eine entsprechende Anreicherung dieser Quecksilberspezies in Fisch – bedingt durch die Einleitung industrieller Abwässer – zu spät erkannt.

Um sowohl die extrem geringen Konzentrationen von Methylquecksilber im Meerwasser, aber auch in Seafood zuverlässig bestimmen zu können, haben wir entsprechende Analysenmethoden entwickelt. Hierfür haben wir eine Kapillar-Gaschromatographie mit einem induktiv gekoppelten Plasma-Massenspektrometer gekoppelt und zusätzlich die Isotopenverdünnungstechnik eingesetzt, um möglichst genaue Analysenergebnisse zu erreichen.

Seafood kann allerdings neben Methylquecksilber auch noch andere toxische, organische Schwermetallspezies enthalten. Dazu gehören vor allem das anthropogene Tributylzinn sowie das biogene als auch anthropogene Trimethylblei. Deshalb haben wir nach gemeinsamer Ethylierung all dieser ionischen Schwermetallverbindungen ein entsprechendes Multi-Speziesverfahren auf eine Reihe von verschiedenen Seafoodproben angewandt.

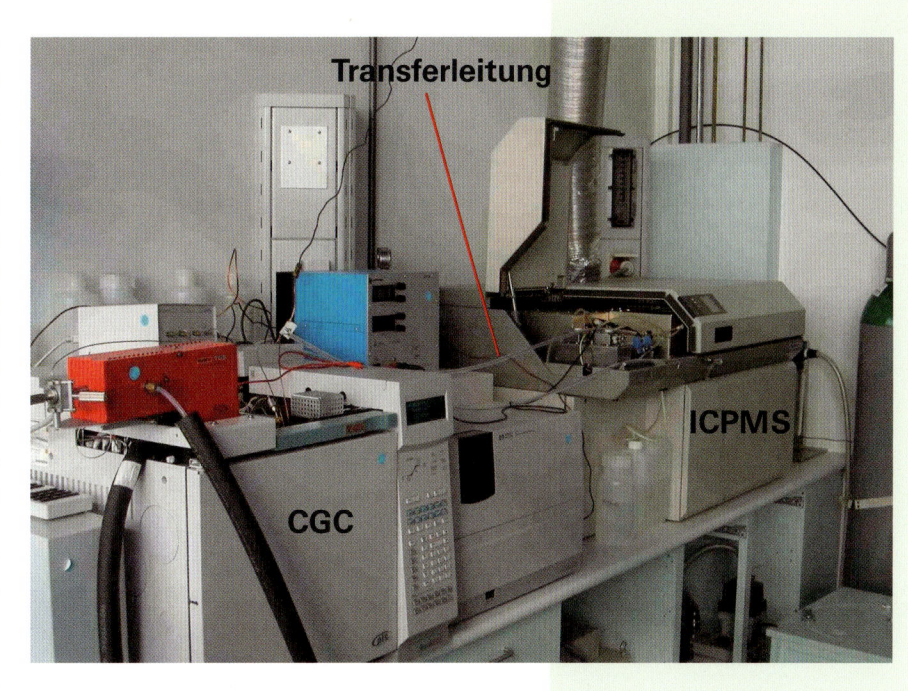

Während wir für Butylzinn und Methylblei nur extrem geringe Konzentrationen gefunden haben, die teilweise unter der Nachweisgrenze von 0,3 Nanogramm pro Gramm lagen, waren die Werte für Methylquecksilber deutlich höher.

Ein hoher Prozentsatz des Gesamtquecksilbers in Fischen und anderen Meerestieren besteht also aus dem extrem giftigen Methylquecksilber, wobei langlebige Raubfische, wie der Hai, besonders viel Methylquecksilber akkumulieren. Aus dieser Erkenntnis ergibt sich eine dringende Notwendigkeit für den Gesetzgeber: Er muss zukünftig die Grenzwerte in Lebensmitteln in solchen und ähnlich gelagerten Fällen so festlegen, dass nicht der Gesamtelementgehalt, sondern derjenige der entsprechenden toxischen Elementspezies entscheidend ist.

Kapillar-Gaschromatographie (CGC) mit einem induktiv gekoppelten Plasma-Massenspektrometer (ICPMS) – verbunden mit einer dünnen Transferleitung.

Konzentration von Methyl- und Gesamtquecksilber in Seafood

Probe	Konzentration Methylquecksilber (µg/g)	Konzentration Gesamtquecksilber (µg/g)	Anteil Methylquecksilber (%)
Garnelen	0,007	0,009	78
Muscheln	0,015	0,032	47
Scholle	0,028	0,030	93
Seelachs	0,140	0,156	90
Thunfisch	0,265	0,290	91
Hai	2,79	2,85	98

Kapitel 4
Wissen, was man isst und trinkt!

46. Woche

4.3 Neue Verfahren zur Analytik mariner Biotoxine
Miese Muscheln?

46. Woche *Stefan Effkemann, Niedersächsisches Landesamt für Verbraucherschutz und Lebensmittelsicherheit, LAVES-IfF Cuxhaven, Fachbereich Biotoxin- und Arzneimittelrückstandsanalytik*

Marine Biotoxine

Marine Biotoxine sind verantwortlich für eine Reihe von Erkrankungen, die im Zusammenhang mit dem Verzehr von Muscheln und Fischen stehen. Weltweit werden jährlich ungefähr 60.000 Vergiftungen dieser Art gemeldet. In circa 1.000 Fällen sterben sogar Menschen. Die Toxine werden meist von Algen aus der Gruppe der Dinoflagellaten gebildet. Unter günstigen Bedingungen können sich diese explosionsartig vermehren und zu regelrechten Algenblüten führen. Miesmuscheln (Mytilus edulis) filtrieren bis zu drei Liter Meereswasser pro Stunde. Die gebildeten Toxine reichern sich bei diesem Prozess in der Muschel an und können nach dem Verzehr durch den Menschen zu unterschiedlichen Vergiftungen führen. Diarrhetic Shellfish Poisoning, kurz DSP, ist der am häufigsten beobachtete Vergiftungstyp. Charakteristische Symptome sind Durchfall, Erbrechen und Krämpfe. Darüber hinaus sind einige Toxine aus dieser Gruppe als Tumorpromotor bekannt. Aus diesem Grund sind präventive Untersuchungen auf eine mögliche Anwesenheit dieser Substanzen in den Muscheln unerlässlich.

Analytik der DSP-Toxine

Aufgrund einer EU-Entscheidung aus dem Jahr 2002 können grundsätzlich sowohl biologische als auch chemisch-analytische Methoden für den Nachweis dieser Toxine eingesetzt werden. Ein Beispiel für ein biologisches Nachweissystem ist der sogenannte Mousebioassay, der immer noch in einigen Ländern der Europäischen Union angewandt wird. Bei diesem Test wird Muschelmaterial zunächst mit einem Lösungsmittel extrahiert. Anschließend wird der Extrakt nach Aufreinigung drei Mäusen injiziert. Sterben dabei zwei von drei Mäusen binnen 24 Stunden, so wird die Probe als nicht mehr verkehrsfähig beurteilt.

Treten Widersprüche zwischen den Ergebnissen beider Verfahren auf, so ist entsprechend der Gesetzesgrundlage das Ergebnis der biologischen Untersuchung stärker als das der chemisch-analytischen Messung zu gewichten. In den vergangen Jahren wurden aber zahlreiche Fälle dokumentiert, in denen der biologische Test versagte. Aus diesem Grund und aufgrund der gültigen Tierschutzbestimmungen wird in Deutschland auf den Routineeinsatz dieser Methode verzichtet. Stattdessen werden hier nahezu ausschließlich chemisch-analytische Verfahren für den Nachweis dieser Toxine angewandt.

Durch die EU-Entscheidung wurde das innerhalb der DSP-Gruppe zu untersuchende Toxinspektrum stark erweitert. Es umfasst derzeit neben Okadasäure (OA) zusätzlich noch circa 20 weitere Substanzen aus den Untergruppen der Dinophysistoxine (DTX), Yessotoxine (YTX), Pectenotoxine (PTX) und Azaspirosäuren (AZA).

Bei den Toxinen handelt es sich um polycyclische Verbindungen mittlerer Masse von 800 bis 1200 Gramm pro Mol. Um den Europäischen Vorgaben zu entsprechen und gleichzeitig die Anwendung biologischer Verfahren zu vermeiden, wurde ein neues chemisch-analytisches Verfahren entwickelt, das die Flüssigkeitschromatographie (LC) mit der Massenspektrometrie (MS) koppelt (LC-MS/MS-Technik). Das neue Verfahren ermöglicht eine Simultanbestimmung aller in der EU-Entscheidung von 2002 aufgeführten Substanzen. Abhängig von ihrer chemischen Struktur lassen sich einige Toxine nur im positiven oder im negativen Elektrospray-Modus ausreichend gut ionisieren. Um das gesamte Toxinspektrum erfassen zu können, ist daher die Bestimmung in beiden Ionisationsmodi unerlässlich.

Übersicht über die chemischen Strukturen der DSP-Toxine.

Okadasäure und Dinophysistoxine

	R1	R2	R3
Okadaic acid (OA)	H	H	H
Dinophysistoxin-1 (DTX-1)	H	CH₃	H
Dinophysistoxin-2 (DTX-2)	H	H	CH₃
Dinophysistoxin-3 (DTX-3)	acyl	CH₃	H

Pectenotoxine

	R	C-7
Pectenotoxin-1 (PTX1)	CH₂OH	R
Pectenotoxin-2 (PTX2)	CH₃	R
Pectenotoxin-3 (PTX3)	CHO	R
Pectenotoxin-4 (PTX4)	CH₂OH	S
Pectenotoxin-6 (PTX6)	COOH	R
Pectenotoxin-7 (PTX7)	COOH	S

Azaspirosäuren

	R1	R2	R3	R4
Azaspiracid (AZA1)	H	H	H	H
Azaspiracid-2 (AZA2)	H	CH₃	H	H
Azaspiracid-3 (AZA3)	H	H	H	H
Azaspiracid-4 (AZA4)	OH	H	H	H
Azaspiracid-5 (AZA5)	H	H	H	OH

Yessotoxine

1 Yessotoxin
2 Homoyessotoxin
1 45-Hydroxyyessotoxin
2 45-Hydroxyhomoyessotoxin
1 Carboxyyessotoxin
2 Carboxyhomoyessotoxin
1 45,46,47 Trinoryessotoxin
1 42,43,44,45,46,47,55-Heptanor-41-oxo Yessotoxin
2 42,43,44,45,46,47,55-Heptanor-41-oxohomo Yessotoxin

Wissen, was man isst und trinkt!

Das entwickelte LC-MS/MS-Verfahren erlaubt es, Muschelproben auf eine mögliche Anwesenheit dieser Toxine zu untersuchen. Bei Verfügbarkeit der entsprechenden Standardsubstanzen ist darüber hinaus auch die quantitative Bestimmung der Toxingehalte möglich. Die Nachweisgrenze für jedes dieser Toxine liegt bei circa zehn Mikrogramm pro Kilogramm. Bedingt durch die hohe Sensitivität dieses Verfahrens kann im Gegensatz zum Mousebioassay ein bevorstehendes DSP-Problem schon frühzeitig erkannt werden, und es können gegebenenfalls geeignete Vorsichtsmaßnahmen eingeleitet werden.

In kontaminierten Realproben treten die Toxine oft nicht allein, sondern meist in Kombination auf. Im Gegensatz zu den Alternativmethoden eignet sich das LC-MS/MS-Verfahren dazu, vollständige Toxinprofile für kontaminierte Muschelproben zu erstellen.

Bestimmung von DSP-Toxinen in Realproben

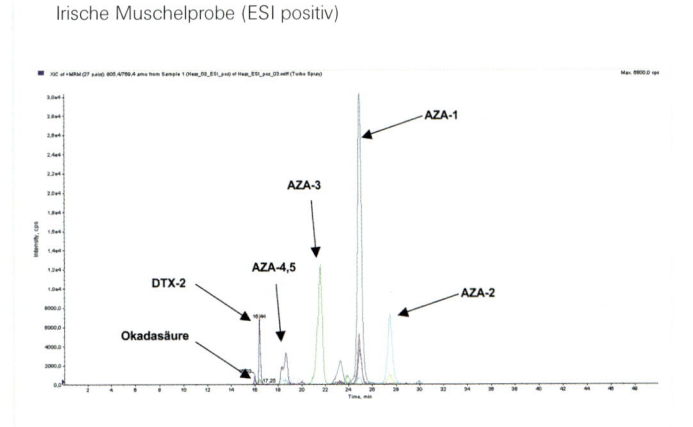

Irische Muschelprobe (ESI positiv)

Neuseeländische Muschelprobe (ESI neagativ)

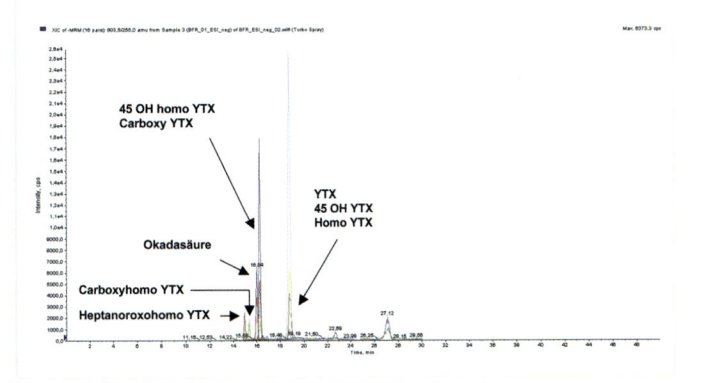

GDCh, Wochenschau Analytik. Kapitel 4

5

Kultur, Kriminalistik, Kosmos

5 Kultur, Kriminalistik, Kosmos

Was haben Kultur, Kriminalistik und Kosmos miteinander zu tun? Ganz einfach – ohne modernste Analytik kommt keines dieser drei „K" aus. Egal ob es um die Restaurierung wertvoller Gemälde, die zerstörungsfreie Analyse antiker Kunstschätze, das Aufspüren von Sprengstoffen oder die Erforschung von Meteoriten geht – Wissenschaftler brauchen nun einmal exakte analytische Daten für ihre Arbeit. Und gerade die Vielseitigkeit macht die Analytik so spannend.

5.1 Einfluss von kupferhaltigen Farbpigmenten auf Alterungs- und Schädigungsprozesse an Kunstwerken Kölner Sammlungen
Schädliche Kupferpigmente

5. Woche *Hartmut Kutzke und Robert Fuchs, Fachhochschule Köln, Fakultät für Kulturwissenschaften, Institut für Restaurierungs- und Konservierungswissenschaft*

Von der Antike bis in die Neuzeit waren Kupferpigmente als Grün- und Blaupigmente weit verbreitet. Verwendet wurden sowohl in der Natur vorkommende Minerale als auch künstlich hergestellte Kupferverbindungen. Kupferhaltige Pigmente sind aber auch Sorgenkinder der Restauratoren: Sie können beträchtliche Schäden an Kunstwerken verursachen.

An unserem Institut befassen wir uns unter anderem mit der Aufklärung historischer Herstellungsmethoden solcher kupferhaltigen Farbpigmente, ihrer Verarbeitung und der durch sie verursachten Schadensprozesse. Wir tun dies in enger Zusammenarbeit mit verschiedenen Kölner Museen und Sammlungen.

Kupferpigmente

Neben den häufig vorkommenden mineralischen Kupferpigmenten wie Azurit und Malachit sind auch weitaus seltenere Vertreter zu finden. Dazu gehören das basische Kupfersulfat Brochantit, basische Kupferchloride wie Atacamit oder Paratacamit sowie ein weiteres basisches Kupfersulfat Posnjakit. Letzteres wurde beispielsweise in Buchmalereien des 15. und 16. Jahrhunderts nachgewiesen. Vor allem im 18. und 19. Jahrhundert stellte man solche mineralischen Kupferpigmente auch in Manufakturen künstlich her. Der Übergang von „natürlichen" zu „synthetischen" Pigmenten ist jedoch fließend.

Es gibt eine Vielzahl überlieferter Rezepturen, die sich mit der Herstellung und Aufbereitung grüner und blauer Kupferpigmente befassen. Der Bogen synthetisch hergestellter Pigmente spannt sich vom wohlbekannten Grünspan über die ebenfalls recht häufigen basischen Carbonate, Sulfate und Chloride bis hin zu „Exoten" wie dem Kupfercitrat. Ob alle Verbindungen, die nach den historischen Rezepturen entstehen, auch wirklich als Pigment verwendet wurden, ist zu bezweifeln. Man kann aber annehmen, dass die Palette der Kupferpigmente größer war, als es heute bekannt ist.

An der FH Köln gibt es eine allgemein zugängliche Datenbank mit kunsttechnologischen Rezepten aus dem Mittelalter und der frühen Neuzeit: http://db.re.fh-koeln.de/ICSFH/index.aspx. Die historischen Rezepturen werden im Labor nachgestellt, um Informationen über die dabei entstehenden Produkte und ihr Schadenspotential zu erhalten. In der Regel erhält man hierbei kein wohldefiniertes Produkt, sondern eher ein Gemisch verschiedener Verbindungen. Darunter sind auch immer wieder Substanzen, die in der chemischen Literatur noch wenig oder gar nicht bekannt sind, wie etwa verschiedene Kupfer-Ammonium-Verbindungen oder Kupferacetate.

Vom Quellentext zum Farbmittel: Grünspanherstellung nach historischem Vorbild.

Kapitel 5 Kultur, Kriminalistik, Kosmos

7. Woche

Schäden

Das fertige Pigment muss vor der Verwendung mit einem Bindemittel angerieben werden. Verwendet wurden Eiweiß und andere Proteine, Pflanzengummen, Harze und Öle sowie verschiedene Mischungen dieser Substanzen. Durch Reaktionen des Pigmentes mit dem Bindemittel können ebenfalls Schäden verursacht werden. Ein Beispiel hierfür ist vor allem die „Verbräunung" – also die Farbveränderung von Grün nach Braun – von Pigmenten auf Gemälden.

Andere typische Schadensbilder sind das Abplatzen von Malschichten in Buchmalereien oder der „Grünspanfraß", bei dem das Pigment mit dem Malgrund reagiert und diesen zersetzt. Solche Prozesse verursachen erhebliche Schäden.

Die während des Schadensprozesses ablaufenden chemischen Vorgänge können auf zwei Arten aufgeklärt werden: erstens durch die Analyse geschädigter und – zum Vergleich – nicht geschädigter Malschichten am Kunstobjekt. Oder zweitens durch Simulation der Schadensprozesse im Labor. Zur Analyse der Malschichten werden zerstörungsfreie und -arme Methoden eingesetzt, etwa Farbmessungen, FTIR-Mikroskopie und Röntgenbeugung mit einem speziell ausgerüsteten Pulverdiffraktometer zur in-situ-Analyse von Pigmenten auf Buchseiten und Graphiken. Zur Simulation möglicher Schadensprozesse lässt man Kupferpigmente mit verschiedenen Bindemitteln und Firnissen oder einzelnen Bestandteilen dieser recht komplexen Naturstoffgemische reagieren. Die Proben werden einer künstlichen Alterung unterzogen und die Reaktionsprodukte analysiert.

Je mehr wir jedoch über die chemische Zusammensetzung der Pigmente sowie die bei den Schadensprozessen ablaufenden Reaktionen wissen, desto besser wird man in Zukunft derartige Schädigungen beheben oder sogar vermeiden können.

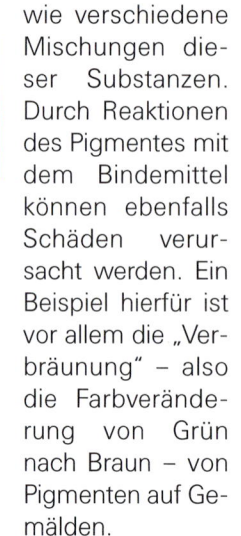

Farbveränderungen sind ein gravierendes Problem in der Ölmalerei. Zum Beispiel können grüne Kupferpigmente mit Öl- und Öl-Harz-Bindemitteln zu braunen Kupferverbindungen reagieren. Daher sind auf vielen Gemälden die Bäume heute herbstlich eingefärbt. Auch bei Claude Lorrains (1600-1682) Hafenlandschaft mit trauernden Heliaden, einem der barocken Hauptwerke des Kölner Wallraf-Richartz-Museums, kann man annehmen, dass das braune Laub ursprünglich einen deutlich grüneren Farbton hatte. Die Detailaufnahme rechts oben verdeutlicht diese Farbveränderung.

5.2 Schnelle Analytik von Sprengstoffen auf Peroxidbasis
Schon wieder ein weißes Pulver!

7. Woche *Martin Vogel, Universität Twente, Abteilung Chemische Analyse und MESA+ Institut für Nanotechnologie, Enschede/Niederlande*
Rasmus Schulte-Ladbeck, Bundeskriminalamt, Wiesbaden
Uwe Karst, Westfälische Wilhelms-Universität Münster, Institut für Anorganische und Analytische Chemie

Der erste Sprengstoff war das Schwarzpulver, das im dritten vorchristlichen Jahrhundert von chinesischen Alchemisten unbewusst während eines Experimentes synthetisiert wurde. Die Geburtsstunde der modernen Explosivmittel schlug im 19. Jahrhundert mit der Synthese von Trinitrotoluol (TNT), Pikrinsäure und weiteren Nitroverbindungen wie etwa Pentaerythrittetranitrat (PETN). Heute ist TNT einer der meist verwendeten Sprengstoffe, der sowohl militärisch als auch zivil genutzt wird.

Darüber hinaus existieren eine Vielzahl weiterer Sprengstoffe, die – aufgrund ihrer simplen Herstellungsweise – von „Hobbychemikern" gerne im heimischen Keller hergestellt werden. Die wohl meist verbreitete Gruppe solch „hausgemachter" Sprengstoffe ist die der Explosivmittel auf Basis von Peroxiden. Hierzu gehören die beiden Verbindungen Triacetontriperoxid (TATP) und Hexamethylentriperoxiddiamin (HMTD). Sie werden jedoch wegen ihrer Instabilität nicht industriell oder militärisch eingesetzt.

Man vermutet, dass bei einer Vielzahl von Terroranschlägen im nahen Osten diese Verbindungen eingesetzt wurden. Ende 2001 gelangte TATP fast zu trauriger Berühmtheit, als es im Schuh eines American Airline-Passagiers gefunden wurde.

Strukturformeln von TATP (links) und von HMTD (rechts).

Kultur, Kriminalistik, Kosmos

Ein wachsendes Problem
Eine wachsende Zahl von Synthesevorschriften ist heutzutage über die Medien einem breiten Publikum zugänglich. Deshalb steigt zum einen die Anzahl der Unfälle. Zum anderen finden die Behörden vermehrt „weiße Pulver", die es zu identifizieren gilt. Die Analyse eines potentiellen Sprengstofffundes sollte schnell und möglichst vor Ort stattfinden können. So kann man Gefahren abwehren, aber auch eine unnötige Evakuierung vermeiden.

TATP und HMTD können mit Hilfe der Infrarotspektroskopie (IR) oder der chemischen Ionisations-Massenspektrometrie (CI-MS) detektiert werden. Allerdings sind die beiden Verfahren weder hinreichend empfindlich noch selektiv genug. Deshalb haben wir eine neue Methode zur Analyse der beiden Verbindungen entwickelt.

Ein Schnelltest
Um vor Ort schnell entscheiden zu können, ob es sich bei einer Substanz um einen gefährlichen Peroxidsprengstoff oder möglicherweise nur um harmlosen Zucker handelt, ist ein sehr selektiver und schneller Test wichtig. Man kann hierfür zum Beispiel Spürhunde einsetzen, oder man nutzt den in Twente entwickelten photometrischen beziehungsweise fluorimetrischen Schnelltest.

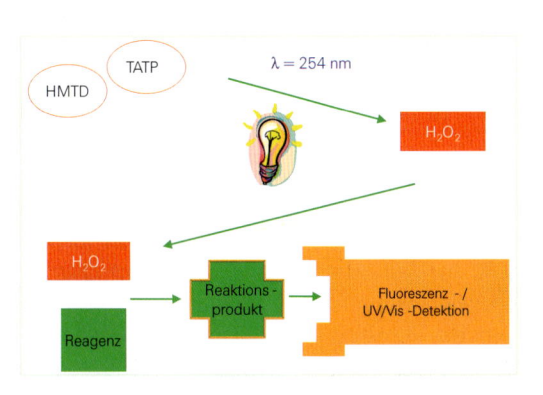

Prinzip des Schnelltestes: Nach der photochemischen Zersetzung kann das entstandene Wasserstoffperoxid sowohl photometrisch als auch fluorimetrisch bestimmt werden.

Bei diesem Schnelltest wird das verdächtige Material zunächst mit einer wässrigen Enzymlösung gewaschen. So zerstört man Peroxide, die eventuell aus Waschmitteln freigesetzt werden und die die spätere Detektion beeinflussen könnten. Hiernach zersetzt man die Probe photochemisch mit Hilfe eine UV-Lampe. Dabei entsteht Wasserstoffperoxid (H_2O_2), das sich anschließend mit Hilfe einer Farbreaktion photometrisch oder fluorimetrisch nachweisen lässt. Zur photometrischen Detektion des H_2O_2 wird die durch Meerrettichperoxidase (POD) katalysierte Oxidation des farblosen Kations der 2,2-Azino-bis-[3-ethylbenzothiazolin-6-sulphonsäure] (ABTS) zum grün gefärbten Radikalkation. Je stärker die Intensität der entstanden Grünfärbung ist, desto höher ist die Konzentration des Wasserstoffperoxides und damit auch die Konzentration von HMTD oder TATP. Die fluorimetrische Bestimmung von H_2O_2 wird auf der Basis der durch Peroxidase katalysierten Dimerisierung von p-Hydroxyphenylessigsäure (pHPAA) durchgeführt. Das entstandene Produkt lässt sich fluoreszenzspektroskopisch detektieren.

Ergebnisse
Der Schnelltest erlaubt die rasche Identifizierung von Explosivstoffen, die auf Peroxiden basieren. Dies gibt den Behörden ein einfaches und robustes Mittel an die Hand, um vor Ort zu entscheiden, ob es sich bei einem vermeintlichen TATP- oder HMTD-Fund wirklich um diese Verbindungen handelt. Dies ist wichtig, weil weder TATP- noch HMTD-Proben transportiert werden sollten: Sie könnten beim Transport jederzeit spontan detonieren. Kann ein Peroxidsprengstoff ausgeschlossen werden, muss im Anschluss auf weitere Sprengstoffe getestet werden. Dies kann zum Beispiel mit Hilfe von Spürhunden geschehen, die auf TNT oder andere Verbindungen trainiert sind. Will man zudem zwischen den beiden Verbindungen TATP und HMTD unterscheiden, muss man vor der Photoreaktion mit der darauf folgenden Enzymreaktion eine flüssigchromatographische Trennung durchführen.

Oben: Die enzymkatalysierte Oxidation des ABTS zum intensiv grünen Radikalkation. Unten: Die enzymatische Dimerisierung der p-Hydroxyphenylessigsäure (pHPAA) zum fluoreszierenden Produkt.

Kapitel 5
Kultur, Kriminalistik, Kosmos

28. Woche

5.3 Schnelle und simultane Analyse geringster Probenmengen mit Plasma-Flugzeitmassenspektrometrie
Jung und viel versprechend

28. Woche *Nicolas H. Bings, Institut für Anorganische und Angewandte Chemie, Universität Hamburg*

Geringste Probenmengen in der Elementanalytik nachzuweisen zu können, ist der Wunsch vieler Analytiker. Hier eröffnet vor allem die Plasma-Flugzeitmassenspektrometrie (ICP-TOFMS, time-of-flight) neue Perspektiven. Wie alle massenspektrometrischen Verfahren basiert auch diese Technik auf der Trennung und anschließenden Detektion von Ionen gemäß ihres Masse-Ladungs-Verhältnisses. Um die zu analysierende Probe zu ionisieren, kann man auf verschiedene Methoden zurückgreifen, abhängig davon ob Information über den molekularen Aufbau oder die elementare Zusammensetzung der Probe gefragt sind.

In der massenspektrometrischen Element- oder Isotopenanalyse schließt sich an das induktiv gekoppelte Plasma (ICP) als Ionenquelle meist ein Quadrupolmassenspektrometer als sequentiell arbeitender Massenfilter an. Bei dieser Technik können jedoch jeweils nur Ionen detektiert werden, die ein bestimmtes Verhältnis von Masse zu Ladung haben. Das bedeutet, dass für alle übrigen interessierenden Massen die Abstimmung des Quadrupols verändert werden muss. Dies kann natürlich nicht unendlich schnell erfolgen. So ergibt sich zwangsläufig ein umgekehrter Zusammenhang zwischen der Anzahl der Isotope, die während eines vorgegebenen konstanten Messintervalls zu bestimmen sind und der Nachweisstärke, sowie der für diese Analyse erzielbaren Präzision. Dieser notwendige Kompromiss fällt besonders bei der Messung zeitabhängiger – transienter – Signale ins Gewicht, wie sie etwa von chromatographischen Trenntechniken aber auch von elektrothermischen Verdampfungs- oder Laserablationssystemen erzeugt werden können. Darüber hinaus kann sich die sequentielle Messweise selbst bei der Verwendung interner Standards zur Signalnormierung negativ auf die Präzision auswirken. Der Grund: Die Signale der interessierenden Isotope und des Standards werden zu unterschiedlichen Zeiten gemessen und somit sind Schwankungen, beispielsweise des Plasmas, mathematisch nicht mehr zu korrigieren.

Die Auswirkungen solcher Schwankungen kann man nur dann vollständig vermeiden, wenn alle interessierenden Signale simultan gemessen werden. Genau dies leistet ein Plasma-Flugzeitmassenspektrometer. Die Präzision der Messung wird damit – bei entsprechender interner Standardisierung oder bei Isotopenverhältnisbildung – im Vergleich zu sequentiellen ICP-MS-Techniken erheblich verbessert. Darüber hinaus wird die Gesamtintegrationszeit für eine Analyse minimiert, da sie unabhängig von der Anzahl ausgewählter Isotope ist. Dies kann eine erhebliche Zeitersparnis bei der notwendigen Dauer des Probeneintrags bedeuten. All dies hat natürlich auch Folgen für die für eine Analyse benötigte Probenmenge: Sie kann, verglichen mit sequentiellen Geräten, erheblich reduziert werden. Daraus ergibt sich ein sehr breites Anwendungsfeld.

Besonders bei der Analyse transienter Signale kommen die Vorteile der Flugzeitmassenspektrometrie voll zum Tragen, denn anders als bei herkömmlichen MS-Techniken läuft man nicht Gefahr, durch sequenzielles Filtern der verschiedenen Massen das Signalmaximum zu „verpassen".

Die Fließinjektions-Technik wird nicht nur zur Bestimmung von Spurenbestandteilen biologischer Proben oder bei der Laserablation-Technik (LA) zur Tiefenprofilanalytik von beschichteten Metallen verwendet. In der Literatur wird bereits die Verwendung der Plasma-Flugzeitmassenspektrometrie in Verbindung mit weiteren Probenzuführungs- und Trenntechniken beschrieben. Dazu zählen die elektrothermische Verdampfung, die etwa zur Spurenbestandteilsbestimmung keramischer Pulver verwendet werden kann oder die Gaschromatographie zur Speziesanalyse metall-organischer Verbindungen. Die Verwendung eines ICP-TOFMS als Detektor für die Kapillarelektrophorese ermöglicht eine schnelle, simultane Multielementspeziesanalytik. Eine weitere Anwendung, mit der wir uns beschäftigen, ist die möglichst zerstörungsfreie Oberflächen- und Tiefenprofilanalytik mittels LA-ICP-TOFMS antiker Fundstücke und Kunstgegenstände, etwa aus Caral im Supe-Tal,

Transientes Signal durch Kopplung der ICP-TOFMS mit einem Fließ-Injektionssystem. Simultane Bestimmung praktisch beliebig vieler Isotope selbst in kurzen Signalen mit hervorragender zeitlicher Auflösung. Integrationszeit: a) 1 Sekunde, b) 12,75 Millisekunden (78 Messpunkte pro Sekunde). In der Abbildung ist der zeitliche Signalverlauf von 38 simultan gemessenen Isotopen wiedergegeben. Beim Vergrößern der Ansicht (rechts) erkennt man einerseits die simultane Arbeitsweise bei der Verfolgung des Signalverlaufs und andererseits die Vielzahl der Einzelmesspunkte, die das Probensignal definieren. Es ist ableitbar, dass der Signalverlauf selbst bedeutend kürzerer Signale in ausreichender Weise aufgelöst werden kann.

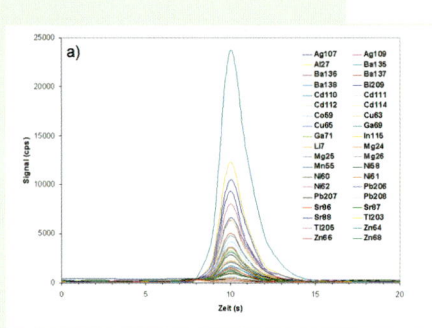

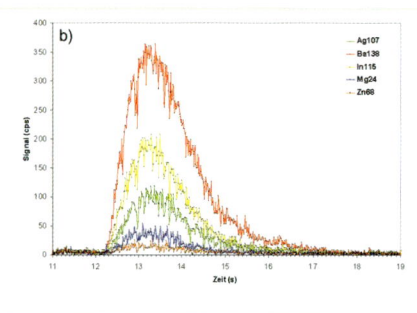

Kultur, Kriminalistik, Kosmos

Kapitel 5

Peru, der ältesten Zivilisation Amerikas. Da in diesem Fall verständlicherweise nur geringste Probenmengen zur Verfügung stehen, ist die Verwendung eines TOFMS-Systems besonders ratsam.

Die älteste Zivilisation Amerikas, das 4700 Jahre alte "Caral" im Supe-Tal, Peru. © Dr. Ruth Shady Solis.

Weitere Applikationen der Plasma-Flugzeitmassenspektrometrie sind denkbar in der Geochemie, der Medizin und Forensik, der Halbleiterindustrie sowie der Feststoffanalytik beispielsweise von Metallen, Keramiken oder Bodenproben.

Die ICP-TOFMS ist eine noch relativ junge und vielversprechende Technik. Trotz all der genannten Vorteile sollte man jedoch nicht vergessen, dass ein solches System zum Beispiel hinsichtlich der erzielbaren Empfindlichkeit beim Vergleich mit einem Quadrupolmassenspektrometer noch etwas benachteiligt ist. Ein Ziel der Forschung auf dem Gebiet der instrumentellen Entwicklung muss also sein, diese Schwächen zu beseitigen, um auch im äußersten Spurenbereich die Vorzüge dieser vielversprechenden und zukunftsweisenden Technik voll nutzen zu können.

5.4 Bestimmung langlebiger Radionuklide mittels Beschleunigermassenspektrometrie (AMS)
Meteorite – Zeugen der Vergangenheit

50. Woche *Silke Merchel und Ulrich Herpers, Abteilung Nuklearchemie, Universität zu Köln
Rolf Michel, Zentrum für Strahlenschutz und Radioökologie, Universität Hannover*

Uns Menschen ist die Neugierde angeboren, unsere Ursprünge zu erkunden. Hierbei bieten uns Meteorite als einziges auf der Erde verfügbares Material die Möglichkeit, Ereignisse zu rekonstruieren, die sich vor Millionen bis Milliarden von Jahren im Kosmos zugetragen haben. Untersuchungen von Meteoriten liefern nicht nur Rückschlüsse auf die Geschichte dieser Kleinstkörper, sondern auch Aussagen über die spektrale Verteilung und zeitliche Variation der kosmischen Strahlung. Zur Entschlüsselung der in Form von Element- und Isotopenzusammensetzungen „versteckten" Informationen setzen Wissenschaftler sowohl klassische chemische Analysemethoden als auch hochsensitive Methoden wie die Beschleunigermassenspektrometrie (AMS) ein.

Analyt: Kosmogene Nuklide

Stabile und radioaktive kosmogene Nuklide werden durch Kernreaktionen der kosmischen Strahlung mit Materie produziert und spiegeln die Geschichte des bestrahlten Körpers wider. So sind zum Beispiel in einem Meteorit, der auf der Erde gefunden wird, Informationen über mehrere Zeitabschnitte seines „Lebens" gespeichert. Dazu gehört zunächst das so genannte 2π-Bestrahlungsalter – also jener Zeitabschnitt, als das Material Teil eines Mutterkörpers wie eines Asteroiden, Mondes oder Planeten war. Einschläge auf den Meteoritenmutterkörpern, in der Regel den Asteroiden, führen zur Absprengung von Material. Die Zeit, die das Material dann als Meteoroid zwischen Ablösung aus dem Meteoritenmutterkörper und Eintritt in die Erdatmosphäre verbringt, bezeichnet man als 4π-Bestrahlungsalter. Und die Zeit, die der Meteorit nach seinem Fall auf der Erde, abgeschirmt durch die Erdatmosphäre, verbracht hat, wird terrestrisches Alter genannt.

Zeitabschnitte im "Meteoritenleben".

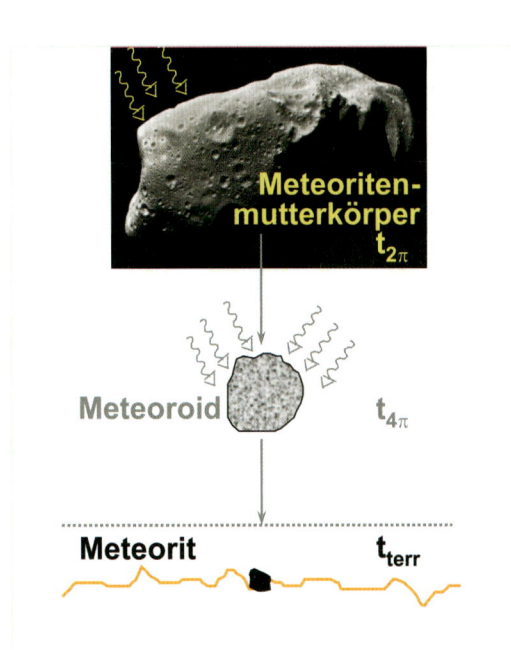

Kapitel 5 Kultur, Kriminalistik, Kosmos

Welche Mengen an kosmogenen Nuklide entstehen, ist sowohl von der chemischen Zusammensetzung der bestrahlten Objekte abhängig als auch von der individuellen Bestrahlungsgeometrie. So variiert die Produktion je nach Abschirmtiefe im Meteoritenmutterkörper und Meteoroiden sowie je nachdem, wie groß der präatmosphärische Radius des bestrahlten Körper ist. Stabile kosmogene Nuklide werden über die ganze Expositionsdauer der extraterrestrischen Materie stetig akkumuliert und können mittels Massenspektrometrie oder radiochemischer Neutronenaktivierungsanalyse nachgewiesen werden. Radioaktive kosmogene Nuklide streben entsprechend einer Exponentialfunktion in Abhängigkeit ihrer Halbwertszeit einem Sättigungswert entgegen, da es während der Bestrahlung schon zum Zerfall der Nuklide kommt. Durch den Vergleich der Konzentrationen in Meteoriten mit aus physikalischen Modellen berechneten elementspezifischen, tiefen- und größenabhängigen Produktionsraten sind wir in der Lage, alle „Lebensabschnitte" eines Meteoriten zu rekonstruieren.

Analytische Methode der Wahl: Beschleunigermassenspektrometrie (AMS)

Zur Bestimmung langlebiger Radionuklide geringer spezifischer Aktivität sind klassische Verfahren wie die Zerfallszählung meist von begrenzter Empfindlichkeit. Dies insbesondere dann, wenn die zu bestimmenden Nuklide keine günstig zu detektierende Strahlung emittieren, etwa reine π-Emitter oder Elektroneneinfang-Nuklide. Heute werden kosmogene Radionuklide meist mittels AMS nachgewiesen. Die AMS misst ähnlich der konventionellen Massenspektrometrie (MS) nicht den Zerfall der Radionuklide, sondern die Anzahl der noch nicht zerfallenen Atome. Der prinzipielle Unterschied zwischen MS und AMS liegt in der Energie – Megaelektronenvolt statt Kiloelektronenvolt –, auf die die Ionen beschleunigt werden: Durch die höhere Energie der Ionen erreicht die AMS durchschnittlich eine um fünf Zehnerpotenzen niedrigere Nachweisgrenze als die MS. Dabei können aufgrund der hohen Energie der Ionen störende Interferenzen durch Molekülionen und Isobaren beseitigt werden.

Eine AMS-Anlage besteht fast immer aus denselben prinzipiellen Komponenten: Ionenquelle, Injektor (Analysiermagnet), Tandembeschleuniger, elektrostatischer Analysator, Analysiermagnet und Detektorsystem. Der Vorteil gegenüber Zähltechniken liegt in erster Linie in der Empfindlichkeit. Das heißt, geringe Probenmengen der meist sehr wertvollen Proben können innerhalb kurzer Zeit analysiert werden. Typische Messzeiten von Meteoritenproben liegen in etwa bei 10 bis 20 Minuten. Die Bestimmung von weniger als einer Million Atome oder einem Femtogramm – das sind 0,000000000000001 Gramm – des Analyten ist problemlos. Jedoch darf man nicht vergessen, dass man vor einer möglichen AMS-Messung den Analyt mittels klassischer nasschemischer Methoden von der Matrix und den anderen Analyten separieren muss – und das ist ein sehr zeitintensiver Prozess.

Resümee

Die Analyse langlebiger kosmogener Radionuklide mittels AMS in Verbindung mit dem kernphysikalischen Verständnis ihrer Produktion eröffnet die Möglichkeit, die Bestrahlungsgeschichte kleiner Körper im Sonnensystem vollständig aufzuklären. Zudem kann man mit dieser Methode auch Proben der Erdoberfläche untersuchen und somit eine Vielzahl von geologischen und geochemischen Fragen bearbeiten.

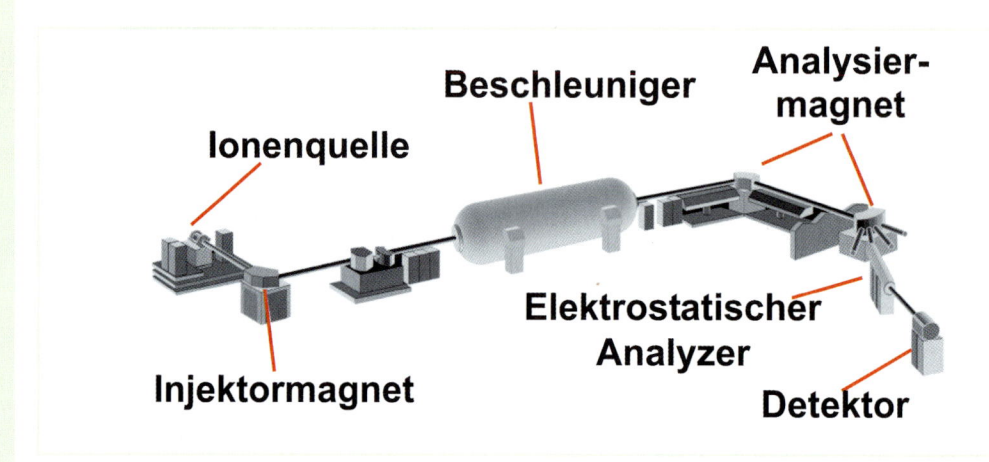

Schematischer Aufbau einer AMS-Anlage.

Essential Analytical Journals
from Wiley-VCH

From Research to Industrial Scale 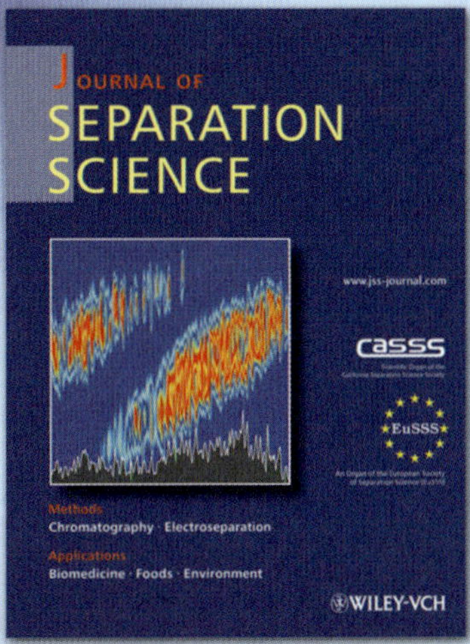
Journal of Separation Science
www.jss-journal.com

Your first Reference for Capillary Electrophoresis and Miniaturization/Nanoanalysis 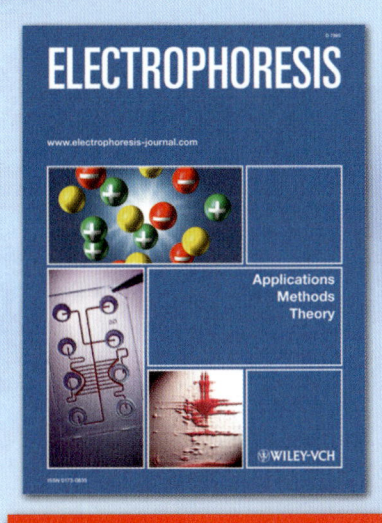
Electrophoresis
www.electrophoresis-journal.com

Dominating the Field of Proteomics 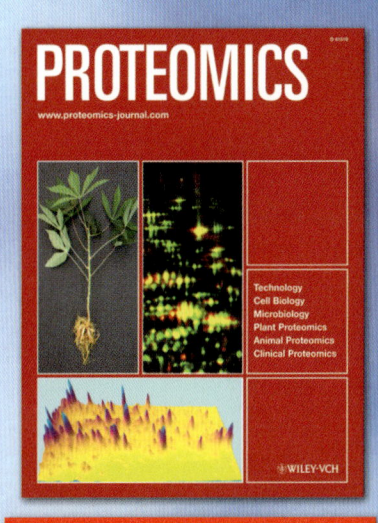
Proteomics
www.proteomics-journal.com

Introducing something spicy 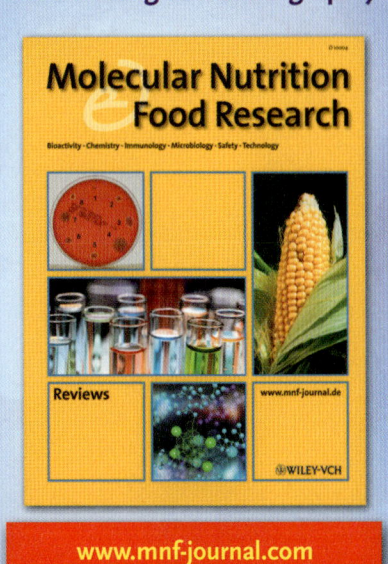
Molecular Nutrition Food Research
www.mnf-journal.com

NEW Journal
Biotechnology Journal 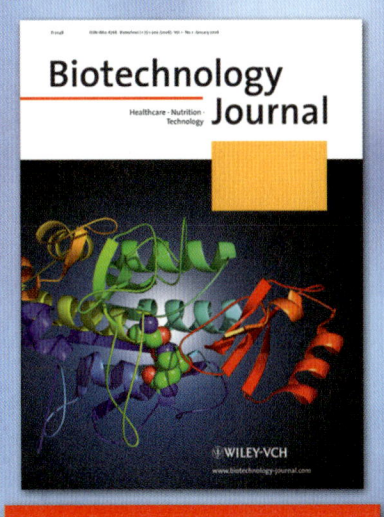
www.biotechnology-journal.com

An international journal 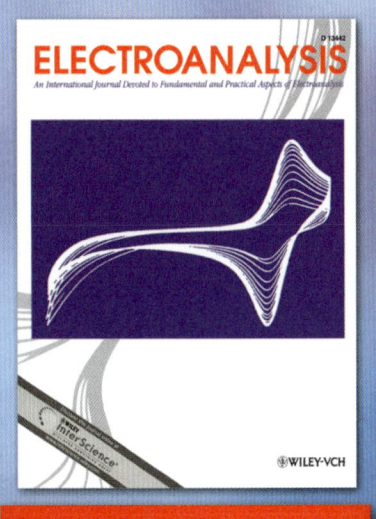
Electroanalysis
www.electroanalysis.wiley-vch.de

Wiley InterScience®
DISCOVER SOMETHING GREAT

These journals are available online through
www.interscience.wiley.com

WILEY-VCH

Chemische Prozesse – gewusst wie!

6

6 Chemische Prozesse – gewusst wie!

Was im kleinen – also im Labor – funktioniert, muss im Großen noch lange nicht funktionieren. Denn einfach ist es nicht, Prozesse aus dem Labormaßstab in den Produktionsmaßstab zu überführen. Deshalb ist es unumgänglich, laufende Prozesse kontinuierlich zu überwachen. Schließlich will man im Labor ebenso wie in der Produktion wissen, ob eine Reaktion auch so abläuft wie gewünscht. Genauso wichtig ist es, die Qualität der Produkte zu überwachen. Fragen nach der Reinheit chemischer Stoffe spielen in nahezu allen Branchen eine überaus entscheidende Rolle. Den Beweis dafür kann nur die Analytik liefern.

6.1 Mikrowellenplasmen: eine Herausforderung für die Atomspektrometrie
Heiße Chips

8. Woche *José A.C. Broekaert, Universität Hamburg, Institut für Anorganische und Angewandte Chemie*

Bei chemischen Prozessen ist es wichtig, die Konzentration bestimmter chemischer Elemente kontinuierlich zu überwachen. Ebenso ist es entscheidend, bestimmte Stoffe abzutrennen und dann im Labor zu untersuchen. Bei beidem spielt die so genannte Atomspektrometrie eine wichtige Rolle. Dazu wird die Probensubstanz zunächst bei einer Temperatur von mehreren 1000 Kelvin getrocknet und verdampft. Die hohen Temperaturen erreicht man durch ein so genanntes Plasma – das ist ein partiell ionisiertes Gasgemisch. Bleiben die Substanzen lange genug in diesem Plasma, werden sie dort in ihre Bestandteile – Molekülteile, Radikale und zum Teil auch Atome – zerlegt. Diese „Bruchstücke" können durch Energie in einen angeregten Zustand gebracht und ionisiert werden. Wenn sie dann aus dem angeregten Zustand wieder in ihren normalen Zustand – den Grundzustand – zurückkehren, emittieren sie Strahlung, die in einem optischen Spektrometer auf ihre unterschiedlichen Wellenlängen hin untersucht wird. Die Intensität der verschiedenen Signale ist proportional zur Konzentration der entsprechenden Spezies im Plasma und somit auch in den Proben. Zusätzlich kann man die Ionen auch mit Hilfe eines Massenspektrometers untersuchen – vorausgesetzt der Druckunterschied zwischen Umgebung und Massenspektrometer wird überbrückt. Mit der Atomspektrometrie ist die Bestimmung mehrerer Komponenten in einer Probe sogar im Spurenbereich bis zu Konzentrationen einiger Nanogramm pro Gramm oder Mikrogramm pro Liter Probe möglich.

Je nachdem, welche Proben man untersuchen möchte, verwendet man verschiedene Plasmen. Für Flüssigkeiten sind so genannte induktiv gekoppelte Hochfrequenzplasmen sehr geeignet. Sie sind allerdings sehr teuer. Dagegen kann man für die Bestimmung von Substanzen in trocknen Gasen auch Mikroplasmen verwenden, indem man zum Beispiel die Energie von Mikrowellen an ein Gas überträgt. Solche mitkrowelleninduzierten Plasmen haben einen großen Vorteil: Um sie zu erzeugen, sind keine Elektroden notwendig. Die Folge ist eine gute Langzeitstabilität, denn die bei anderen Verfahren stattfindende Korrosion der Elektroden entfällt.

Mikrostripplasma auf einem Chip

Mikrowellen lassen sich mit Hilfe von Mikrostrips an ein Gas übertragen. Solche Mikrostrips werden mit Hilfe von Mikrostrukturtechniken auf temperaturstabilen Substraten wie etwa Quarz erzeugt. Im Substrat sind Kanäle enthalten, durch die das Gas, auf das die Energie der Mikrowellen übertragen werden soll, strömt. Mit Argon oder Helium erhält man auf diese Art und Weise stabile Plasmen, sofern die Resonanzstrukturen wie etwa die Breite des Strips und die Kanäle entsprechend dimensioniert sind.

So konnten wir in einem Argon-Plasma (15 Watt bei 500 Milliliter pro Minute) aus den Rotations-Vibrationsspektren des OH-Radikals eine Rotationstemperatur von 650 Kelvin ermitteln, die auch der Gastemperatur entspricht. Und für Eisen

8. Woche

Mikrowelleninduziertes Mikrostripplasma auf einem Quartz Wafer bei 50 bis 500 Milliliter Argon pro Minute und 10 bis 30 Watt

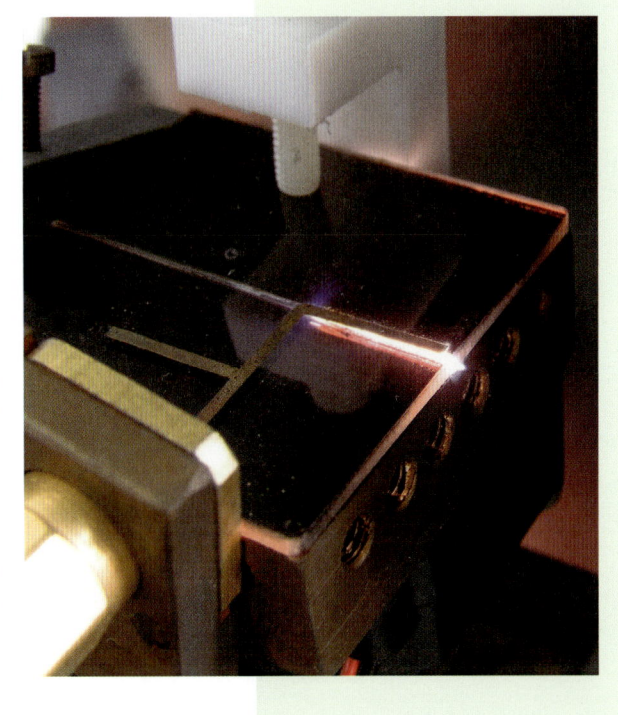

Kapitel 6 Chemische Prozesse – gewusst wie!

lag die aus den Intensitätsverteilungen der Atomlinien errechnete Anregungstemperatur bei 8000 Kelvin. Wegen der niedrigen Gastemperaturen können in Mikroplasmen zwar kaum nasse Aerosole aufgenommen und getrocknet werden. Anders sieht es bei Dämpfen aus. Sie können gut analysiert werden, da hier die Anregungseffizienz sehr hoch ist. Allerdings ist die Abnahme der Strahlung und eventuell auch von Ionen schwierig, wenn das Plasma völlig im Kanal eingeschlossen ist. Deshalb haben wir die Stripanordnung so optimiert, dass das Plasma auch aus dem Chip austritt und dann bei Atmosphärendruck frei in die Atmosphäre hineinreicht.

Atomspektrometrie mit Plasmen auf einem Chip

Mit dem Mikrowellenplasma auf einem Chip konnten wir erfolgreich elementares Quecksilber bestimmen. Im Argonplasma können mit der Atomemission selbst Quecksilberkonzentrationen, die kleiner als ein Mikrogramm pro Liter sind, mit einem Spektrometer in Taschenformat bestimmt werden. Man verwendet dazu ein CCD-Atomemissionsspektrometer (CCD = Charged Coupled Device) und erhält für Hg eine Atomlinie bei 253.6 Nanometern. Im Falle der Kaltdampftechnik – bei der man die Tatsache nutzt, dass Quecksilber schon bei Raumtemperatur atomar vorkommt und einen erheblichen Dampfdruck aufweist – konnte Quecksilber in Lösungen präzise und mit Nachweisgrenzen von 50 Picogramm pro Milliliter bestimmt werden.

Auch in aufgeschlossenen Sedimentproben ist Quecksilber mit dem Mikrostrippplasma ähnlich gut zu bestimmen wie mit der Kaltdampf-Atomabsorptionsspektroskopie. Verwendet man zudem die sanften Hydridtechniken – also etwa die elektrochemische Hydriderzeugung – könnten zukünftig sogar Elemente wie Arsen, Selen oder Antimon, die leichtflüchtige Hydride bilden, simultan bestimmt werden.

Mikrostripplasmen sind potentiell auch für die elementspezifische Spurenanalyse organischer Moleküle in der Gaschromatographie interessant. Denn selbst wenn man nur wenige Mikrogramm an Trichlormethan in ein Heliumplasma einleitet, bekommt man Signale, die vom Element Chlor stammen. Und auch bei luftgetragenen Stoffen kann man mit einem Mikroplasma Atomlinien und Rotations-Vibrationslinien von Radikalen anregen.

Ausblick

Mikroplasmen sind überall dort einsetzbar, wo die zu analysierenden Stoffe mit den verschiedensten Verfahren in die Gasphase gebracht werden können. Bevor man die Mikrowellenplasmen anwenden kann, müssen sämtliche dieser Verfahren optimiert werden, und zwar in Abhängigkeit von der analytischen Fragestellung und den vielen möglichen Plasma-Anordnungen. Mikroplasmen können sowohl als Strahlungsquellen für die optische Atomspektrometrie als auch als Ionenquellen für die Elementmassenspektrometrie eingesetzt werden. Dies erfordert wegen der Miniaturisierung dann auch leistungsfähige Vakuumsysteme und Massenspektrometer mit kleinsten Abmessungen.

6.2 Spurenanalytik in der Produktion von Prozesschemikalien für die Halbleitertechnologie

Von höchster Reinheit

13. Woche *Klaus Klemm, Merck KGaA, Darmstadt*

Höchstmögliche Reinheit ist bei der Herstellung von Materialien für die Halbleiterindustrie oberstes Gebot. An Chemikalien, die man zum Ätzen und Reinigen von Chips verwendet, werden extreme Anforderungen gestellt. Denn bereits geringste Verunreinigungen führen zu Störungen der Funktion eines fertigen Halbleiterbausteins. Da man den Chemikalien nicht

Kalibrierkurve für Quecksilber bei der optischen Emissionsspektrometrie mit dem Mikrostripplasma in Verbindung mit der Fliessinjektionskaltdampftechnik

13. Woche

Abfüllung hochreiner Chemikalien unter Reinraumbedingungen

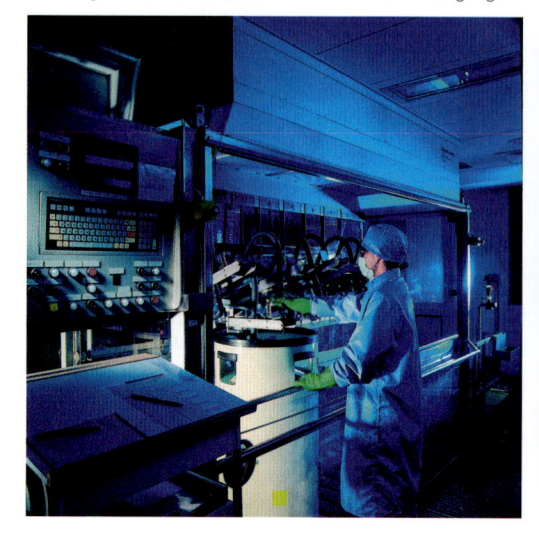

Chemische Prozesse – gewusst wie!

Kapitel 6

ansehen kann, ob sie die erforderliche Reinheit haben, hat das Analysenzertifikat einen sehr hohen Stellenwert – Analytik ist hier ein wichtiger Faktor der Wertschöpfung. Bei der Produktion hochreiner Chemikalien kann man auf eine Analytik, die nach dem neuesten Stand der Technik in Reinräumen mit qualifiziertem Personal durchgeführt wird, nicht verzichten. Um diesen hohen Anforderungen gerecht zu werden, ist auch eine aufwändige Selbstkontrolle der Analytik erforderlich.

Ausstattung eines Analytiklabors

Vor allem Elemente diffundieren teilweise sehr leicht innerhalb der Halbleitermaterialien und können so deren elektrischen Eigenschaften verändern. Deshalb muss Elementspurenanalytik sogar einstellige Pikogramm-Mengen pro Gramm erfassen – das entspricht Konzentrationen im Bereich von einem Teil auf eine Trillion Teile. Ein anschaulicher Vergleich für die notwendige Reinheit von Reinstwasser: Um die erforderliche Natriumkonzentration nicht zu überschreiten, dürfte in einem Volumen – vergleichbar mit einem gefüllten 50-Meter-Schwimmbecken – nicht mehr als ein einziger Kochsalzkristall (Natriumchlorid) mit einer Kantenlänge von einem Millimeter gelöst sein.

Reinheit anschaulich: In einem 50m-Schwimmbecken mit Reinstwasser kann höchstens ein einziges aufgelöstes Salzkörnchen toleriert werden. Und die Qualitätskontrolle muss es analytisch nachweisen können. (Freibad Beckum, Luftaufnahme aus dem Jahr 1995)

Kationen bestimmt man hauptsächlich mit Hilfe der Massenspektrometrie mit induktiv gekoppeltem Plasma (ICP-MS) oder mit der Graphitofen-Atomabsorptionsspektrometrie (GF-AAS). Neue Geräte müssen oft wochenlang gespült und individuell auf ein hohes Nachweisvermögen optimiert werden, bevor man mit ihnen die besonders wichtigen Analysen auf geringste Spuren metallischer Verunreinigungen durchführen kann. Anionen werden zunehmend mit Ionenchromatographie analysiert, da mit dieser Methode eine spezifische Trennung und Detektion in einem geschlossenen und kontaminationsfreien System möglich ist. Zur präzisen Gehaltsbestimmung der oft wässrig verdünnten Chemikalien verwendet man Titratoren. Nur genau eingestellte Konzentrationsverhältnisse erlauben ebenso präzise Ätzprozesse. Große Bedeutung haben außerdem optische Partikelzähler nach dem Laserstreulicht-Prinzip, die zur Detektion kleiner Partikelzahlkonzentrationen für Partikelgrößen unter einem Mikrometer erforderlich sind. Es ist leicht vorstellbar, dass ein moderner Chip mit Leiterbahnabständen im Nanometerbereich, also unter einem zehntausendstel Millimeter, schon durch kleinste Partikel auf der Oberfläche oder innerhalb der Schichten zerstört werden kann.

Durch Laserbeschuss können winzige Teilchen ohne aufwändige Probenvorbereitung aus festen Materialien „herausgeschlagen" – ablatiert – und anschließend in einem Massenspektrometer direkt analysiert werden.

Rohstoffe und In-Prozess-Analysen

Die meisten Substanzen, die in den Prozessen der Halbleiterherstellung zum Ätzen, Entfernen von Schichten und Reinigen benötigt werden, sind Massenprodukte oder Bulkchemikalien wie Wasserstoffperoxid, Mineralsäuren, Ammoniak und organische Lösemittel. Vor deren Aufreinigung müssen die Rohstoffe bereits umfassend analysiert werden. Nur so lassen sich eventuelle Verunreinigungen der Lagertanks verhindern sowie Beinträchtigungen der Aufreinigungseffizienz vermeiden. Während eines Aufreinigungsprozesses sind Analysendaten von verschiedenen Prozesskontrollpunkten notwendig, um die optimale Effizienz einer Anlage zu gewährleisten. Und indem man interne Grenzwerte festlegt, stellt man sicher, dass Trends bei Qualitätsveränderungen eines Produktes – etwa durch Filterdurchbrüche – rechtzeitig erkannt werden.

Verpackungsmaterialien

Verpackungsmaterialien dürfen das später enthaltene Produkt keinesfalls verunreinigen. Sie werden deshalb genauestens mit Hilfe der Spurenanalytik untersucht, um anschließend geeignete Materialien, Lieferanten und Herstellprozesse auszuwählen. So genannte Elutionsversuche – also das Herauslösen von adsorbierten Stoffen aus den vorgesehenen Materialien – simulieren dabei am besten die Realität. Daneben werden auch Methoden zur direkten Feststoff-Analyse der Verpackungsmaterialien wie Laser-Ablation-ICP-MS oder das Raster-Elektronenmikroskop mit gekoppelter energiedispersiver Röntgenmikrobereichsanalyse eingesetzt. Neben den Verpackungs-, Rohstoff- und In-Prozess-Analysen werden auch fertig abgefüllte Behälter analysiert. Jede Chemikalie wird so vor der Auslieferung auf etwa fünfzig verschiedene Parameter hin überprüft.

Qualitätsmanagement
Für eine erfolgreiche Zertifizierung nach einem anerkannten Qualitätsmanagement-System sind unter anderem die Ermittlung von Verfahrenskenndaten, die Validierung der Verfahren und die Qualifizierung der Messgeräte mit regelmäßigen Systemeignungstests Voraussetzung. Die Reinräume und Reinen Werkbänke müssen auf ihre Effizienz zur Partikelrückhaltung überprüft werden. Der niedrige Konzentrationslevel erfordert eine regelmäßige Überprüfung der verwendeten Reagenzien und des Reinstwassers im untersten Spurenbereich. Aufwändige Kalibrierungen und Mehrfachbestimmungen gehören dabei ebenso wie regelmäßige Ringversuche zur Absicherung gegen Risiken systematischer und zufälliger Fehler.

16. Woche

6.3 Optische Online-Spektroskopie zur Reaktionskontrolle in Labor, Technikum und Produktion
Chemische Prozesse beobachten

16. Woche *Heiko Egenolf und Klaus-Peter Jäckel, BASF Aktiengesellschaft, Kompetenzzentrum Analytik*

Was ist „optische Online-Spektroskopie"?
Die Nutzung von Online-Analysentechniken sowohl für Produktionskontrolle als auch für Anwendungen im Bereich Forschung und Entwicklung hat in den letzten Jahren stark an Bedeutung gewonnen. Denn im Gegensatz zur klassischen Offline-Analytik, die nur Informationen über vereinzelte Zeitpunkte während eines chemischen Prozesses liefert, generiert die Online-Analytik kontinuierlich Daten in Echtzeit. Dadurch ist es möglich, chemische Prozesse mit bestmöglicher Zeitauflösung zu beobachten, also Änderungen von Reaktionsvariablen sofort zu erkennen und gegebenenfalls geeignete Maßnahmen zu ergreifen. Durch diese verbesserte Kontrolle und das tiefere Verständnis kann der Anwender einen Prozess in punkto Effizienz und Kosten optimieren und damit im Wettbewerb bestehen. Darüber hinaus leistet die Online-Analytik einen wesentlichen Beitrag zur Qualitätskontrolle und Anlagensicherheit.

Anforderungen an online-analytische Methoden
Nur wenige Analysenmethoden eignen sich für Online-Anwendungen, da sie neben den allgemeinen analytischen Anforderungen an Selektivität und Nachweisempfindlichkeit in den meisten Fällen ohne Probenvorbereitung auskommen müssen. Die Rohdaten werden vollautomatisch mit speziell auf die Anwendung konfektionierten Softwaremodulen, die auch die Fähigkeit zur Multikomponentenanalyse besitzen, ausgewertet. Zudem ist aufgrund des direkten Kontakts von Probeninterface und aggressiver Prozessumgebung ein hohes Maß an chemischer und mechanischer Robustheit notwendig. Diese Kriterien werden im Allgemeinen nur von nicht-invasiven Techniken wie etwa Infrarot-, UV/VIS- und Ramanspektroskopie erfüllt.

Die Auswahl der optimalen Methode hängt von Parametern wie Nachweisempfindlichkeit, Selektivität, Druck- und Temperaturstabilität oder auch betrieblichen Gegebenheiten ab, beispielsweise bestimmten Anforderungen an den Explosionsschutz.

Aufbau einer inline-/online-Messstelle
Ein komplettes Messsystem besteht aus folgenden drei Komponenten: Messzelle (Sonde oder Küvette), Spektrometer und PC. In der klassischen online-Aufbauvariante verbindet ein Bypass den Reaktor mit einer Durchfluss-

Typischer Messstellenaufbau für Labor, Technikum und Betrieb

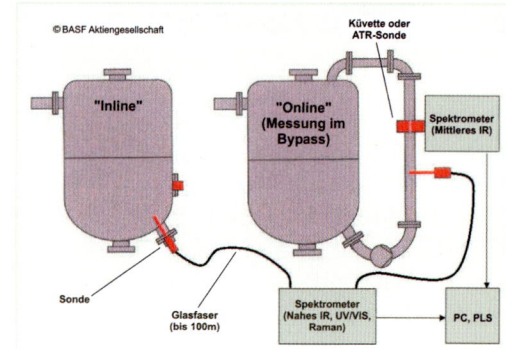

Chemische Prozesse – gewusst wie!

küvette. Neue, technisch einfachere Sondenkonstruktionen können auch direkt – also inline – in chemischen Reaktoren installiert werden. Flexible optische Glasfasern erlauben in bestimmten Wellenlängenbereichen – Nah-Infrarot, Raman, Ultraviolettes/Sichtbares Licht – Entfernungen von bis zu 100 Metern zwischen Sonde und Spektrometer. Ebenso ist die ökonomische Ansteuerung mehrerer Sonden von einem einzigen Spektrometer aus möglich. Man spricht dann von einem Multiplex-Betrieb. Das Spektrometer kann direkt an das Prozessleitsystem angebunden werden.

Beispielanwendung für Inline-Messung

Ein exzellentes Beispiel für die Vorteile einer Inline-Analytik sind Untersuchungen von Phosgenierungsreaktionen. Hierbei werden Amine mit Phosgen zu Isocyanaten umgesetzt. Isocyanate sind etwa als Vorprodukte für Polyurethane wichtige synthetische Bausteine. Die Probenahme bei diesen Reaktionen ist jedoch schon aufgrund der Giftigkeit der Reaktanten sicherheitstechnisch problematisch. Zudem finden, die Reaktionen bei hohen Drücken und Temperaturen statt. Dieses Problem der klassischen Analytik entfällt dagegen bei einer inline-Analytik vollkommen. Zudem kann man sehr viel häufiger Aussagen über den Zustand des Systems machen, wodurch eine zeitnahe Bestimmung des Reaktionsendpunkts sowie genaue kinetische Studien möglich werden. Die IR-Messung erfolgt hierbei mit einer so genannten ATR-Tauchsonde – Abgeschwächte Total-Reflexion – entweder direkt im Reaktionsgefäß im Forschungslabor oder in einer Produktleitung der Miniplant-Anlage.

Zeitliche Abfolge der IR-Spektren bei einer Isocyanat-Synthese.

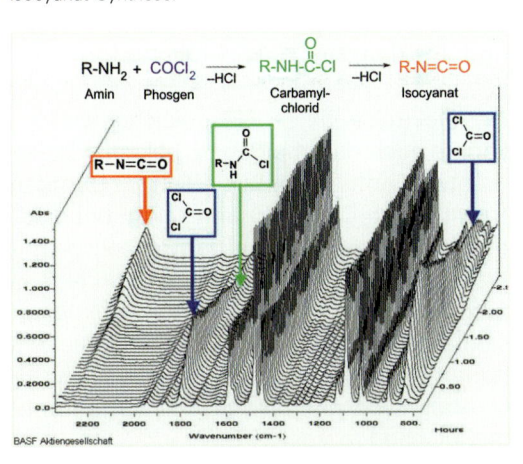

6.4 Nichtlineare elektrokinetische Phänomene in elektrochromatographischen, elektrodialytischen und mikrofluidischen Verfahren

Aus dem Gleichgewicht!

36. Woche *Ulrich Tallarek, Institut für Verfahrenstechnik, Otto-von-Guericke-Universität Magdeburg*

Hierarchisch-strukturierte poröse Materialien mit geladenen Oberflächen, wie Membranen, Monolithen oder Festbetten aus porösen Partikeln, haben neben Makroporen auch Meso- und Mikroporen. Während jedoch Makroporen quasi elektroneutral sind, gilt dies für Meso- und Mikroporen nicht. Denn in ihnen ist die nur wenige Nanometer breite primäre elektrische Doppelschicht (electrical double layer, EDL) bereits vergleichbar mit dem Porenradius. Die Folge ist eine Oberflächenladung, die durch die in der umgebenden Lösung vorhandenen Ionen nicht mehr ausreichend abgeschirmt werden kann. Die Verteilung des elektrischen Potentials in diesen Poren, die so genannte EDL-Überlappung – führt zum Auschluß der Kolonen – also der Ionen mit der gleichen Ladung wie die Oberfläche. Gleichzeitig findet eine Anreicherung der Gegen-Ionen statt.

Durch diese beiden Effekte kommt es zu einem ionenpermselektiven Transport. Im elektrochemischen Gleichgewicht kompensiert das Donnan-Potential die Tendenz der Ionen, die aufgebauten Konzentrationsunterschiede auszugleichen. Legt man jedoch ein externes elektrisches Feld an, so wird das elektrochemische Gleichgewicht gestört und es kommt zur Konzentrationspolarisation (concentration polarisation, CP). Als Folge dieser CP entstehen Zonen unterschiedlicher Elektrolytkonzentration: Für kationenselektive Partikel entsteht eine Zone niedrigerer Konzentration entlang der anodischen Halbkugel – man spricht von einer abgereicherten CP-Zone. Gleichzeitig entsteht eine Zone höherer Konzentration entlang der kathodischen Halbkugel – die so genannte angereicherte CP-Zone. In der abgereicherten CP-Zone ist der Ionentransport

Kapitel 6

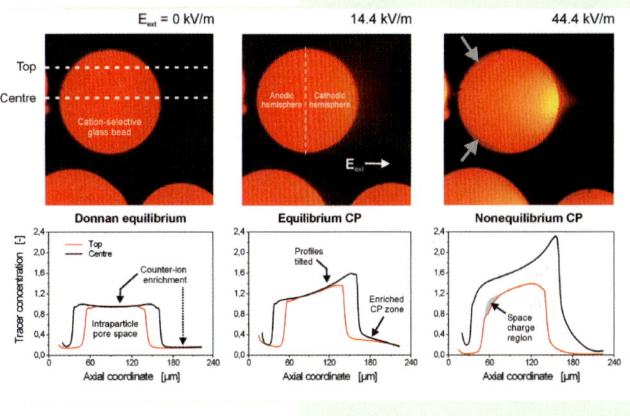

36. Woche

Konfokale Lasermikroskop-Aufnahmen: Konzentrationsverteilung des gegenionischen Fluoreszenzfarbstoffes Rhodamin-6G in Acetatpuffer in und um ein mesoporöses, kationenselektives Glaspartikel in einem Festbett bei verschiedenen elektrischen Feldstärken. Querschnitte entlang der beiden eingezeichneten Positionen (Profile) zeigen die stationären Gegenionenkonzentrationen. Die gemittelte intrapartikuläre Intensität im elektrochemischen Gleichgewicht wurde als Referenz für die Normierung der CP-Profile verwendet.
(mit freundlicher Genehmigung von J. Phys. Chem. B 2005, 109, 21481-21485. Copyright 2005 Am. Chem. Soc.)

durch Diffusion limitiert (diffusion boundary layer, DBL). Grund dafür ist der elektrokinetisch-induzierte Konzentrationsgradient. Erhöht man die elektrische Feldstärke, so gehen die Konzentrationen der Ko- und Gegen-Ionen in der DBL schließlich gegen Null. Der Stofftransport nähert sich einem Grenzwert an (Diffusionsgrenzstrom).

Erhöht man nun die elektrische Feldstärke über diesen Wert hinaus, kommt es zur Ausbildung einer sekundären EDL. Im Vergleich zur primären EDL ist diese sekundäre EDL räumlich weiter ausgedehnt und die Intensität der induzierten Raumladung ist größer. Der elektrokinetische Transport der Gegen-Ionen in den Mesoporen übersteigt nun den diffusionslimitierten Transport der Gegen-Ionen durch die vorgelagerte DBL. Dadurch bildet sich im Bereich der Mesoporen eine Region mit deutlich weniger abgeschirmter Oberflächenladung als im elektrochemischen Gleichgewicht. Hierbei handelt es sich um den nichtbeweglichen Teil der sekundären EDL. Er besteht aus Ko-Ionen, die an der Oberfläche fixiert sind. Das gegen-ionische Pendant zu dieser ko-ionischen Raumladung ist der bewegliche Teil der sekundären EDL in der angrenzenden Lösung (space charge region, SCR). Durch Wechselwirkung mit der tangentialen Komponente des elektrischen Feldes produziert diese SCR auf der Partikeloberfläche einen elektroosmotischen Fluss (electroosmotic flow, EOF). Dieser lokale EOF und die mit ihm verbundene Elektrohydrodynamik können zum lokalen Einbruch der DBL führen. Begleitet wird ein solcher Einbruch durch elektrokinetische Instabilität und chaotisches Flussverhalten. Der diffusionslimitierte Transport ist zeitweilig aufgehoben und so genannte überlimitierende Stromdichten durch die Grenzfläche wurden zum Beispiel bei Ionenaustauschmembranen beobachtet. Diese Effekte sind wesentlich, wenn man etwa elektrodialytische Verfahren intensivieren will. Und auch für eine lokal verbesserte laterale – gewöhnlich diffusionslimitierte – Vermischung von Analyten in elektro-chromatographischen Trennverfahren, die zu verringerter axialer Dispersion führt, sind diese Erkenntnisse wichtig.

Die Raumladungen der sekundären EDL werden durch das elektrische Feld selbst induziert. Deshalb sind alle auf der sekundären EDL basierenden elektrokinetischen Phänomene nichtlinearer Natur und zählen zur Nichtgleichgewichtselektrokinetik oder Elektrokinetik der zweiten Art. Abgesehen von elektrokinetischen Membrantransportprozessen hat man in der Vergangenheit die Elektrokinetik zweiter Art vor allem anhand des Verhaltens kolloidaler Dispersionen studiert. Dabei hat man sich jedoch ausschließlich auf einzelne Ionenaustauschpartikel im elektrischen Feld beschränkt. So konnte man die nichtlineare Abhängigkeit der elektrophoretischen Geschwindigkeit frei beweglicher Partikel von der elektrischen Feldstärke zeigen – die Elektrophorese zweiter Art. Umgekehrt haben einzelne fixierte Partikel eine stark nichtlineare Abhängigkeit der lokalen EOF-Geschwindigkeiten von der elektrischen Feldstärke – man spricht von Elektroosmose zweiter Art. Diese Erkenntnisse hat man bisher aber nur wenig auf elektrokinetische Nichtgleichgewichtseffekte in konsolidierten Materialien wie Festbetten oder Monolithen übertragen. Sie wären jedoch zum Beispiel sehr interessant im Hinblick auf steuerbare Retention, Selektivität und Effizienz in elektro-chromatographischen Trennverfahren. Die Untersuchung der Elektrokinetik an Nichtgleichgewichten könnte auch dazu beitragen, Mikrofluidikelemente zu entwickeln, die effektiver pumpen (nichtlineare Dynamik) und schon bei niedrigen Reynolds-Zahlen effektiv chaotisch mischen. Nichtgleichgewichtselektrokinetik in porösen Materialien ist also ein hochinteressantes, bislang kaum ergründetes Gebiet mit hohem Innovationspotential für ausgewählte analytisch-chemische und verfahrenstechnische Prozesse.

Zeitliche und räumliche Gegenionenkonzentrationsverteilung bei verschiedenen Feldstärken. Die Detektoreinstellungen wurden für den Außenraum um ein Partikel optimiert. Bei hohen Feldstärken werden die stabilen CP-Zonen der Gleichgewichts-CP durch lokal chaotischen, elektrohydrodynamischen Fluss zerstört. Die Profile zeigen auch, dass die CP-Muster und induzierten Raumladungseffekte in gepackten Festbetten durch Mehrpartikeleffekte komplexer werden. (mit freundlicher Genehmigung von J. Phys. Chem. B 2005, 109, 21481-21485. Copyright 2005 Am. Chem. Soc.)

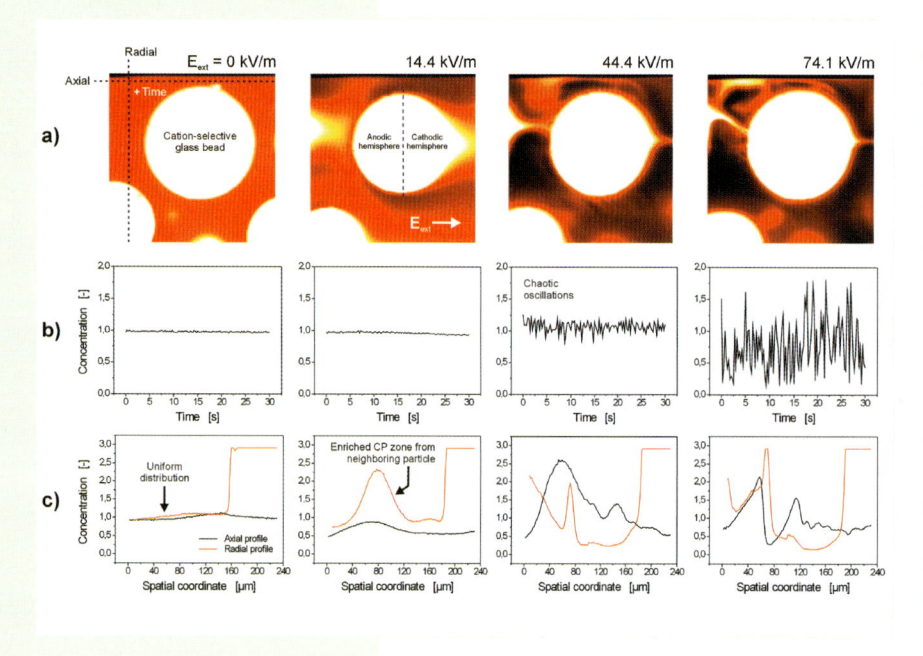

7

Klein aber fein!

7 Klein aber fein!

Nach Mikroelektronik und Mikromechanik hat der Trend zu immer kleineren Dimensionen längst auch Chemielabore und Produktionsstätten, und damit natürlich auch die Analytik erreicht. Chromatographiesäulen mit immer kleineren Trägern für stationäre Phasen, Laboratorien im Westentaschenformat oder tragbare Geräte für komplizierte Analysen sind längst keine Utopien mehr. Dabei sind die feinen Kleinen keineswegs Selbstzweck – sie ermöglichen vielmehr oft schnellere und effektivere Analysen mit geringerem Materialverbrauch. Denn die zehnfache Miniaturisierung eines analytischen Systems bedeutet eine 100fach schnellere Reaktion oder Trennung. Zeit ist eben Geld – nicht nur in der Analytik.

7.1 Schnelle, effiziente Trennungen an stationären Phasen mit Teilchendurchmessern kleiner als zwei Mikrometer

Klein und kurz – aber schnell!

17. Woche *Stefan Lamotte, Rainer Brindle, Klaus Bischoff und Peter Dietrich, Bischoff Analysentechnik u. -geräte GmbH, Leonberg*

Moderne Analysenmethoden sollen heutzutage möglichst schnell sein. So sind zum Beispiel auch Trennungen mit der Hochleistungs-Flüssigkeits-Chromatographie (HPLC, High Performance Liquid Chromatography) mit Analysenzeiten von 30 bis 60 Minuten nicht mehr zeitgemäß. Deshalb setzt man immer häufiger kurze Trennsäulen mit kleinen Teilchen für die schnelle HPLC ein. Bereits vor 30 Jahren diskutierte man darüber, kleine Teilchen in der HPLC einzusetzen. So veröffentlichte 1975 der Saarbrücker Wissenschaftler Istvan Halász eine Arbeit, in der er voraussagte, dass die optimale Teilchengröße eines HPLC Trägers bei etwa einem Mikrometer liegen wird. Zu dieser Zeit war man jedoch noch nicht in der Lage, solche Materialien mit einer guten Korngrößenverteilung herzustellen. Ebenso wenig waren die HPLC-Geräte so optimiert, dass man kurze Trennsäulen verwenden konnte.

Heute können wir kleine Partikel reproduzierbar herstellen. Gleichzeitig hat sich auch die Qualität der Geräte derart verbessert, so dass man durchaus kurze Säulen mit kleinen Teilchen verwenden kann. Neben der Möglichkeit, mit höheren Gegendrucken arbeiten zu können, haben modernere HPLC-Apparaturen auch geringere Volumina zwischen Injektionseinheit und Detektor, was den Einsatz kurzer Säulen erst ermöglicht.

Die schnelle HPLC

Warum will man überhaupt möglichst kurze, mit kleinen Teilchen gefüllte Trennsäulen verwenden? Der Grund ist, dass diese Säulen bei sehr hohen linearen Flussgeschwindigkeiten betrieben werden können – und dies bei gleich bleibender Effizienz der Trennung! Denn mit kleineren Teilchen erreicht man kleinere theoretische Bodenhöhen und somit höhere Bodenzahlen. Deshalb genügt bereits eine wesentlich kürzere Trennsäule, um die gleiche Trenneffizienz wie bei einer langen Säule mit größeren Teilchen zu erreichen. Verwendet man also kurze Säulen, die mit kleinen Teilchen gefüllt sind, beschleunigt man gleichzeitig die Analysenzeit.

Vergleicht man die Trennung eines Testgemisches auf einer Säule mit Teilchendurchmessern von 5 Mikrometern mit derjenigen auf einer Säule mit Teilchengrößen von 1,8 Mikrometer so stellt man folgendes fest: Beide Säulen haben bei gleicher Bodenzahl, hier 11.000, die gleiche Auflösung der interessierenden Komponenten. Die Trennung auf der kurzen Säule ist jedoch wesentlich schneller und die erhaltenen Signale sind schmaler und höher. Kürzere Säulen mit kleineren Teilchen führen also auch zu einer höheren Massenempfindlichkeit.

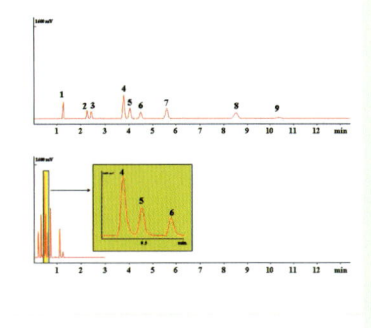

Da jedoch der Gegendruck eines gefüllten Rohres nach dem Gesetz von Darcy mit dem

17. Woche

Trennung eines Testgemisches auf einer langen bzw. kurzen Säule: (oben) 5 Mikrometer-Säule, 150 x 4.6 m, Fluss: 1.0 ml/min. (unten) 1,8 Mikrometer Säule, 50 x 4.6 mm, Fluss: 2.5 ml/min. Mobile Phase: Acetonitril/Wasser 60:40 (v/v), Detektion: UV@254 nm, Injektion: 2 Mikroliter, Temperatur: 60 °Celsius, Proben: 1. Uracil, 2. Phenol, 3. Acetophenon, 4. Benzoesäure-ethylester 5. N,N Dimethylanilin, 6. Toluen, 7. Naphthalen, 8. Acenaphthen, 9. Anthracen

Kapitel 7 Klein aber fein!

Quadrat des reziproken Teilchendurchmessers steigt, während die Länge der Säulen lediglich linear eingeht, produzieren kürzere Säulen mit kleinen Teilchen einen deutlich höheren Gegendruck als entsprechend längere Säulen, die mit größeren Teilchen gefüllt sind. Daher liegt der Druckabfall einer 50 Millimeter langen Säule bei der idealen linearen Strömungsgeschwindigkeit von 5 Millimetern pro Sekunde – das entspricht bei einer Säule mit dem Innendurchmesser von 4.6 Millimeter einem Volumenfluss von etwa 2.5 Milliliter pro Minute – in Abhängigkeit vom Eluenten zwischen 30 und 40 Megapascal oder 4300 bis 5700 psi (pound per square inch). Da jedoch der Druckabfall über einer Säule auch maßgeblich von der Viskosität des Eluenten und diese wiederum sehr stark von der Temperatur abhängig ist, kann der Druckabfall durch die Erhöhung der Temperatur deutlich reduziert werden. Das ist ein weiterer Vorteil, denn diese Temperaturerhöhung führt wiederum zu einer zusätzlichen Beschleunigung der Analysengeschwindigkeit.

Auch mit kurzen Säulen kann man durchaus auf herkömmlichen HPLC Anlagen arbeiten. Da jedoch das Volumen der Trennsäule kleiner als bei Standardtrennsäulen ist, sollten alle Verbindungen, die zur chromatographischen Bandenverbreiterung beitragen können, minimiert werden. Dazu gehören etwa die Volumina der Injektionseinheit, alle Kapillarzuleitungen zwischen Säule und Detektor sowie das Detektorzellvolumen. Als Faustregel gilt: Das Volumen zwischen Injektionseinheit und Detektor sollte zehn Prozent des Säulenvolumens nicht überschreiten. Dabei muss man vor allem beim Einbau darauf achten, dass das Totvolumen möglichst gering ist.

Applikationsbeispiel

Als Beispiel zeigen wir eine isokratische Methode – also eine Trennung, bei der die Zusammensetzung der mobilen Phase während der gesamten Zeit gleich bleibt – zur Bestimmung von polyphenolischen Verbindungen in Rotwein. Hierfür verwendeten wir Säulen mit Teilchendurchmessern von 1,8 Mikrometern und einer Dimension von 50 x 4.6 Millimetern. Als stationäre Phase wählten wir eine C_8-Phase mit eingebundener polarer Gruppe in der Seitenkette. Dieser Säulentyp zeigt generell eine höhere Retention für saure Verbindungen im Vergleich zu klassischen C_8-Säulen. Ferner erreicht man damit die Auftrennung von im Rotwein enthaltenen cis- und trans-Verbindungen wie Resveratrol. Daher gelingt es mit dieser Methode, die Polyphenole von der Matrix abzutrennen und somit auf eine zeitaufwändige und unter Umständen fehlerbehaftete Probenvorbereitung zu verzichten. So zeigt das Chromatogramm eines Pfälzer Rotweines (Fritz Walter, Regent Trocken, Pfalz 2001) hohe Konzentrationen an Myrecitin, Resveratrol und Quercitin. Zur Analyse haben wir den Wein lediglich durch einen 0.2 Mikrometer Spritzenfilter filtriert und dann direkt injiziert.

Fazit

Mit Hilfe der neuen stationären Phasen mit Teilchengrößen von kleiner zwei Mikrometern kann man selbst sehr komplexe Trennungen in kurzen Analysenzeiten mit konventionellen HPLC-Anlagen durchführen.

Bestimmung von polyphenolischen Verbindungen in Rotwein. Gefunden wurde 1. Myricetin, 2. cis- Resveratrol, 3. trans- Resveratrol, 4. Quercitin, 5. Kaempferol. Verwendete Säule: Teilchendurchmesser 1,8 Mikrometer, 50 x 4.6 mm; Mobile Phase: Acetonitril/10 mM Phosphatpuffer pH 3, 30:70 (v/v); Fluss: 2.0 ml/min, Detektion: UV@280 nm & 370 nm, Injektion: 10 bzw. 20 Mikroliter Temperatur: 70 °Celsius

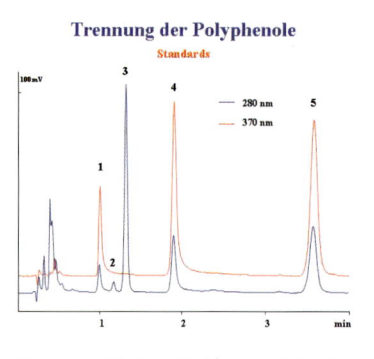

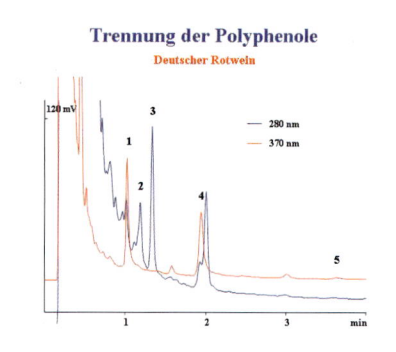

Klein aber fein!

7.2 Miniaturisierung in der Analytischen Chemie
Lab on a Chip

21. Woche   *Dirk Janasek, ISAS - Institute for Analytical Sciences, Dortmund*

Im Zeitalter der Informationsgesellschaft steht auch die analytische Chemie vor neuen Herausforderungen. Es sollen nicht nur molekulare und elementare Informationen über die Struktur einer reinen chemischen Verbindung erlangt werden, sondern auch alle Verbindungen einer komplexen Gesamtheit identifiziert und quantifiziert werden können. Und dies auch noch zeitlich kontinuierlich und im dreidimensionalen Raum.

Dimensionen der analytischen Informationen

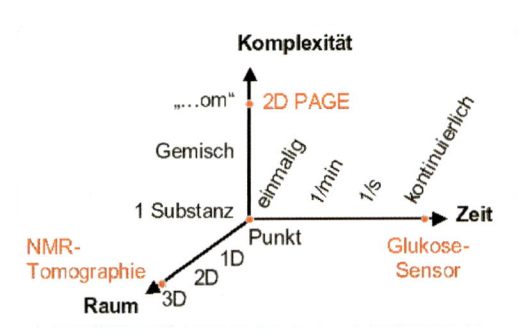

Für jeden dieser gewünschten Optimalzustände sind zum gegenwärtigen Zeitpunkt analytische Methoden verfügbar. Um Informationen aus dem dreidimensionalen Raum zu erhalten, verwendet man die Magnetische-Kernresonanz-Tomographie. Und (bio)chemische Sensoren nutzt man für kontinuierliche Konzentrationsmessungen. Allerdings müssen aufgrund der hohen Spezifität der Sensoren für die parallele Messung mehrerer Substanzen mehrere Sensoren/Detektoren eingesetzt werden. Komplexe Gemische wie das Proteom können durch zweidimensionale Polyacrylamid-Gelelektrophorese (2D-PAGE) aufgetrennt und anschließend mittels eines stoffunspezifischen Detektors quantifiziert werden. Die Durchführung einer 2D-PAGE ist jedoch sehr zeitintensiv und benötigt mehrere Stunden.

Eine Möglichkeit, um elektrophoretische Trennungen schneller durchführen zu können, ergibt sich aus den Skalierungsgesetzen: Danach bedeutet die zehnfache Miniaturisierung eines analytischen Systems eine 100fach schnellere Reaktion oder Trennung. Das benötigte Volumen an einzusetzenden Reagenzien verringert sich dabei um den Faktor 1000, und zudem eröffnet sich ein hohes Integrations- und Parallelisierungspotential.

In den letzten Jahren haben Wissenschaftler viele theoretische und experimentelle Beiträge zur umfassenden Etablierung der miniaturisierten Totalen Analysensysteme (µTAS) geleistet. Dazu gehören zum Beispiel die Simulationen von fluidischen Vorgängen in den Mikrokanälen, neue Ansätze zur Generierung und Kontrolle von Flüssigkeitsströmen auf dem Chip sowie die Integration von chemischen Reaktionen oder Trennoperationen.

Als häufigste Trennmethode wird die Kapillarelektrophorese eingesetzt. Während es sich bei der Kapillarelektrophorese um eine diskontinuierliche Trennmethode mit einem Wechsel zwischen Injektions- und Separationsschritt handelt, erfolgt in der Continuous Free-Flow Elektrophorese (CFFE) eine kontinuierliche zweidimensionale Trennung in einer Trennkammer.

Die CFFE wurde mittlerweile für den Einsatz in verschiedenen, aus der Kapillarelektrophorese bekannten Verfahren angepasst. Beispiele sind Zonenelektrophorese, Isotachophorese, Feldsprungelektrophorese und Isoelektrisches Fokussieren.

Wie durch die Skalierungsgesetze prognostiziert, konnte mit einer miniaturisierten CFFE-Struktur mit 200 Nanolitern Trennkammervolumen ein Gemisch zweier fluoreszierender Farbstoffe innerhalb von nur 100 Millisekunden zonenelektrophoretisch getrennt werden. Bei Anwendung der isoelektrischen Fokussie-

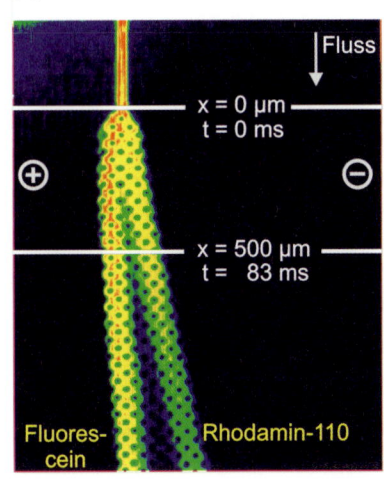

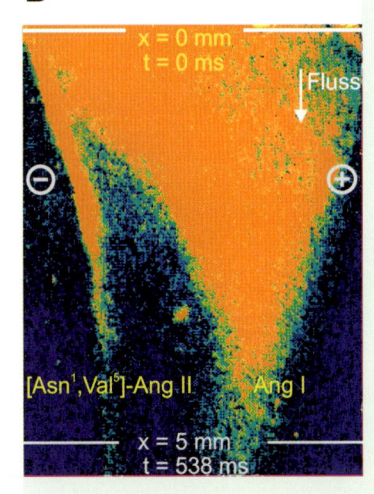

Kapitel 7

21. Woche

Zonenelektrophoretische Trennung von Fluorescein und Rhodamin-110 (A) sowie isoelektrische Trennung und Fokussierung von Angiotensin I und [Asn1,Val5]-Angiotensin II in einer miniaturisierten Continuous-Free-Flow-Elektrophorese-Struktur. (Falschfarbendarstellung: schwarz – keine Fluoreszenz, rot – höchste Fluoreszenz)

rung wurden zwei fluoreszenzmarkierte Peptide entsprechend ihres isoelektrischen Punktes innerhalb einer halben Sekunde getrennt.

Die Miniaturisierung von analytischen Geräten verspricht eine drastische Verbesserung der analytischen Informationsgewinnung. Entsprechend der Skalierungsgesetze können auch komplexe Trennoperationen in sehr kurzer Zeit durchgeführt werden. Durch weitere Kombination, Intergration und Parallelisierung sind Ansätze denkbar, die eines Tages die kontinuierliche, dreidimensionale Information über die Gesamtheit aller Substanzen ermöglichen.

22. Woche

7.3 Elektrophorese mit Mikrochips
Der Traum vom Westentaschen-Labor

22. Woche   *Detlev Belder, Max-Planck-Institut für Kohlenforschung, Mülheim an der Ruhr*

Der Siegeszug der Miniaturisierung macht auch vor der Chemie nicht halt und könnte wie in der Mikroelektronik eine neue Ära einläuten. Das ehrgeizige Ziel ist, ganze Chemie- und Analysen-Laboratorien zu sogenannten Lab-on-a-chip Systemen „schrumpfen" zu lassen. Die Verheißungen solcher Westentaschenlabore sind groß. Es würden nur noch winzige Mengen chemischer Substanzen benötigt, was viel umweltfreundlicher ist und teure Chemikalien spart.

Das Schrumpfen chemischer Prozesse und Anlagen zu Wesentaschen-Laboratorien ist jedoch ungleich schwerer und komplexer als die Miniaturisierung in der Mikroelektronik. Winzige Flüssigkeitsmengen, in denen chemische Substanzen gelöst sind, lassen sich nämlich viel schwerer manipulieren als elektrische Ströme in der Mikroelektronik. Mikrofluidische Kanäle sind, in Analogie zu den Leiterbahnen in der Mikroelektronik, die zentralen Bauelemente eines geschrumpften Chemielabors. Solche haarfeinen Kanäle werden zum Transport, Mischen und Trennen von Reagenzien im Nanoliter-Maßstab benötigt.

Elektrophorese mit Mikrochips
Die so genannte Mikrochip-Elektrophorese ist das derzeit erfolgreichste analytische Verfahren in der noch jungen Mikrofluidik. Es sind sogar bereits die ersten kommerziellen Geräte verfügbar.

Das Analysenprinzip eines solchen einfachen Elektrophorese-Chips, mit zwei gekreuzten haarfeinen Kanälen, ist in der Mikrochip-Elektrophorese das gleiche wie in der klassischen Elektrophorese. Verbindungen werden aufgrund ihrer unterschiedlichen Wanderungsgeschwindigkeit im elektrischen Feld aufgetrennt, so wie Läufer auf einem Hindernisparcours, wo die schlanken und starken Athleten das Ziel vor den Behäbigen erreichen. Neben der Miniaturisierung ist der Hauptunterschied zur klassischen Elektrophorese der Injektionsprozess, bei dem das Kunststück gelingen muß, nur wenige Nanoliter einer Probe zu dosieren, um nicht das ganze System zu fluten. Hierfür wird zunächst durch Anlegen einer Spannung der Trennkanal mit der Probe gefüllt und dort mit Gegenspannungen fokussiert. Ein winziger Teil der Probe, der sich im Kreuzungsbereich der Kanäle befindet, wird dann durch Umschalten der Spannungen gleichsam ausgestanzt und zur Auftrennung geschickt.

Schematische Darstellung der Elektrophorese auf einem Chip mit Bildern des Prozesses aus der Videomikroskopie: In den gezeigten Einzelbildern wird eine Probe in nur 760 Millisekunden getrennt, wofür eine Strecke von weniger als einem Millimeter Länge ausreicht.

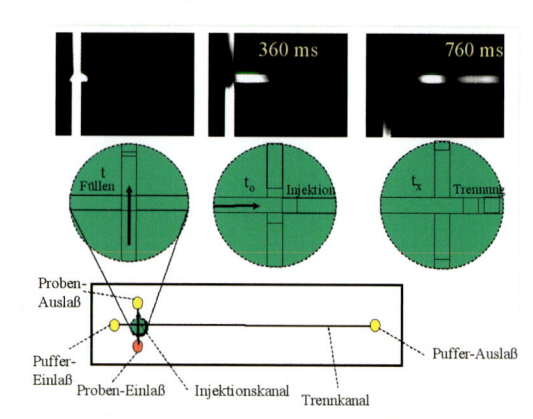

Die Chip-Elektrophorese ist eine außerordentlich schnelle Analysenmethode. Derzeit halten wir den Weltrekord für die schnellste chirale Trennung in nur 720 Millisekunden. Diese Eigenschaft macht die Elektrophorese zu einem idealen Kandidaten als nachgeschaltetes Analysenverfahren für miniaturisierte chemische Reaktoren. Im Max-Planck-Institut in Mülheim arbeiten wir gerade an der Integration von enantioselektiver Analyse und Katalyse auf einem Mikrochip.

Ein wichtiger Aspekt bei mikrofluidischen Systemen ist die Beschaffenheit der Kanal-Oberflächen. So ist es ganz entscheidend, ob die Oberflächen hydrophil oder hydrophob sind.

Klein aber fein!

Hydrophile, also wasserliebende Kanäle, füllen sich sogar ganz von selbst mit wässrigen Lösungen. Stark hydrophile Kanäle sind insbesondere zur Auftrennung von Proteinen notwendig, damit diese nicht an der Kanalwand kleben bleiben wie ein verkohltes Steak in der Pfanne. Ähnlich wie bei der Bratpfanne kann dieses Problem mit einer Beschichtung gelöst werden. Statt des Teflons wie bei der Bratpfanne sind hier jedoch hydrophile Polymere besonders geeignet. Hierfür konnte in unserer Arbeitsgruppe ein Verfahren zur inneren Beschichtung von Kanälen in Glaschips entwickelt werden, mit dem auch komplexe Proteinmischungen aufgetrennt werden können.

Die Forschung mit Laborchips ist sehr spannend und hat viele Facetten, von denen hier nur ein kleiner Ausschnitt beleuchtet wurde. Die Chancen stehen nicht schlecht, dass diese Forschung schon bald eine Revolution in der Chemie und Diagnostik auslöst.

Prototyp des Mühlheimer Reaktionschips.

7.4 Bioanalytik mit elektrischen Biochips
Analytik vor Ort

40. Woche *Rainer Hintsche, Fraunhofer Institut für Siliziumtechnologie und eBiochip Systems GmbH, Itzehoe*

Die Analytik biologischer Moleküle basiert oft auf dem von der Natur übernommenen hochselektiven „Schloß-Schlüssel-Prinzip" – also der Bindung strukturell komplementärer Moleküle. Für diese Affinitätsbindung gibt es sehr viele Beispiele. Bestens bekannt sind etwa die Paarungen in der Doppelhelix der Nukleinsäuren, oder die von lebenden Organismen erzeugten Antikörper zur Immunabwehr oder bei der Auslösung von Allergien. Auch der spezifische Angriff infektiöser Erreger sowie die Wirkung biologischer Gifte beruhen auf diesem Prinzip.

Biosensorik
In den vergangenen Jahren sind zahlreiche mit Biosensoren arbeitende Messverfahren für die Analytik von biologischen Molekülen entwickelt worden. Biosensoren sind Messfühler, die aus affinitätsbindenden Biomolekülen, den so genannten Fängern, und einem Signalwandler bestehen. Die verwendeten Fängermoleküle können Analyte aus komplexen Stoffgemischen selektiv binden. Durch biochemische Komplexbindung und in Abhängigkeit von der Konzentration des Stoffes entsteht ein Signal, das optisch oder elektrisch detektiert werden kann.

Die optischen Methoden, für die man meist größere und stationäre Systeme benötigt, sind weit verbreitet und werden standardmäßig in Laboratorien eingesetzt. Die elektrische Detektion wird bisher weniger genutzt. Die elektrische Detektion hat aber den Vorteil, dass sie elektrochemisch über Redoxreaktionen direkt am Ort der Bindungsreaktion gemessen werden kann. Man muss also nicht erst den Umweg über eine optische Wandlung gehen. Zudem können durch den Verzicht auf optische Komponenten Kosten eingespart werden und die Technik ist einfacher zu miniaturisieren. Daher ist die elektrische Biochiptechnologie besonders für die Analytik vor Ort geeignet.

Elektrische Biochip-Technologie
Am Fraunhofer Institut für Siliziumtechnologie in Itzehoe haben Wissenschaftler in den letzten 15 Jahren elektrische Biosensoren entwickelt, die elektrochemisch nach dem Prinzip der Multikanal-Potentiometrie arbeiten. Hauptbestandteil

GDCh, Wochenschau Analytik. Kapitel 7

Kapitel 7 Klein aber fein!

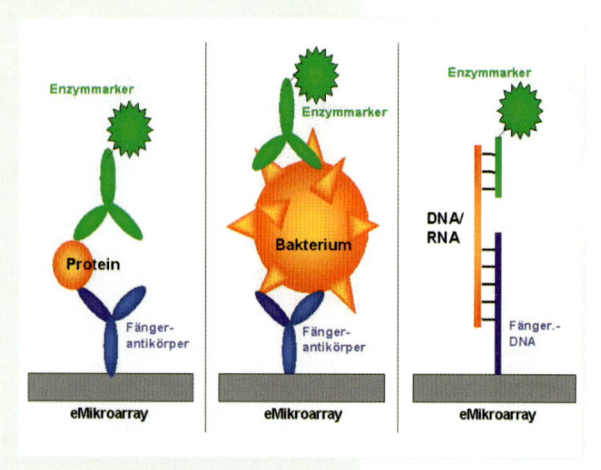

Aufbauschema der biochemischen Assays auf elektrischen Biochips für Proteine (links), intakte Mikroorganismen (Mitte) und Nucleinsäuren (rechts)

der mittels modernster Halbleitertechnologie hergestellten Sensoren in Silizium-Technologie sind Gold-Elektroden mit interdigitalem Aufbau und Abmessungen von etwa 400 Nanometern. Bei diesen elektrischen Mikroarrays verwendet man als biochemisches Nachweisprinzip die ELISA-Methode (enzyme linked immunosorbent assay), die auch im konventionellen biochemischen Labor, etwa im Gesundheitswesen oft genutzt wird. Die Methode wurde so angepasst, dass unterschiedliche Fänger-Moleküle auf den verschiedenen Positionen des Chiparrays direkt chemisch auf der Oberfläche der Goldelektroden fixiert werden. Erkennt und bindet nun eine Array-Position ihr Zielmolekül, so werden ausschließlich diese Komplexe mit einem Enzym markiert. Jedes Markermolekül erzeugt danach viele kleine Redoxmoleküle, die in der monomolekularen Molekülschicht als elektrischer Strom gemessen werden. Dies bewirkt einen Verstärkungseffekt, der durch die nano-Dimension der Elektroden und durch optimale Diffusion an den sehr kleinen Chipstrukturen nochmals potenziert wird. Das gemessene Stromsignal ist proportional der Zahl der eingefangenen Zielmoleküle. So können biologische Moleküle spezifisch und in sehr niedrigen Konzentrationen nachgewiesen werden.

Anwendungen der Plattform

Die Firma eBiochip Systems GmbH Itzehoe – eine Ausgründung aus dem Fraunhoferinstitut hat ein tragbares Gerätesystem zur Vor-Ort Analytik von Nukleinsäuren, Proteinen und kleinen biologisch aktiven Molekülen entwickelt. Dieses „eMicroLISA" genannte Gerät wird in 20 europäischen Laboratorien eingesetzt. Die Anwendungen reichen von der Identifizierung und Kontrolle von Schlüsselgenen pathogener Erregern bis hin zur Prozesskontrolle bei der Protein- und Enzymproduktion. Auch infektiöse Erreger oder Schadstoffe in Nahrungsmitteln werden auf diese Weise gemessen. Besonders leistungsfähig ist der Detektor „ePaTOX", mit dem man biologische Gefahrenstoffe, die man als Terrorinstrumente und heimtückische Waffen fürchtet, nachweisen kann. Das universelle Instrument kann vor Ort sowohl biologische giftige Proteine, wie etwa Botox, als auch die Erbsubstanz von tödlichen Erregern, wie zum Beispiel Anthrax, identifizieren. Dabei werden nur die Chipbeladung und der Analysegang variiert.

Die gleiche Technologie wurde von einem Projektkonsortium zum ersten vollelektronischen Biochip der Welt mit 100 bis 1000 Messpositionen und der gesamtem Messelektronik im gleichen Chip weiterentwickelt.

Tragbares vollautomatisches Gerät „eMicroLISA" auf Basis der elektrischen Biochip-Technologie zur Analyse biologisch aktiver Moleküle

Auf der Suche nach neuen Materialien

8

8 Auf der Suche nach neuen Materialien

Maßgeschneiderte Materialien für jede nur denkbare Anwendung sind für uns heute nahezu selbstverständlich. Kaum einer macht sich aber Gedanken darüber, wie schwierig die Suche nach neuen Materialien sein kann. Oft ist dazu eine Reise in die Welt der Nanostrukturen notwendig – denn bestimmte Materialeigenschaften können wir erst auf dieser Ebene verstehen. Oder wir müssen den Wasserstoffgehalt von Materialien kennen, um ihre Verhalten erklären zu können. Auch Polymere bedürfen einer speziellen Analytik, will man ihre Eigenschaften bestimmen Strukturvarianten zuordnen.

8.1 Nanoanalytik in der Stahlindustrie
Nano – Mode-Erscheinung oder Basis für gezieltes Design?

9. Woche *Tamara Appel, ThyssenKrupp Stahl AG, Dortmund*

Was bedeutet eigentlich der Begriff Nano, der solch immense Aufmerksamkeit in der heutigen Forschung erlangt? Abgeleitet von dem griechischen Wort für Zwerg sind die Definitionen eher uneinheitlich. Insgesamt beschreibt „Nano" aber chemische Strukturen im sub-Mikrometerbereich mit größenabhängigen Eigenschaften, deren Zusammensetzung und Erscheinung variiert. Wo liegt nun das Innovationspotential, das sich die Nanotechnologie bei Flachstahlprodukten zu Nutze machen kann? Dieses Produkt hat im Vergleich zur Gesamtmasse eine große Oberfläche. Deshalb dominieren bei ihm diejenigen Eigenschaften, die über diese Grenzfläche beschrieben werden. Die Welt des Nano beginnt nicht erst bei Quantendots, Nanotubes oder in der Halbleiterindustrie. Entwicklungen zur Funktionalisierung von Metalloberflächen spielen sich gestern wie heute in den Größenordnungen des Nano ab. Stichworte wie Easy-to-clean-, Anti-Fingerprint-Beschichtungen, Kratzfestigkeit, selbstreinigende oder korrosionsfreie Oberflächen sind hierfür Beispiele. Die große Problematik ist häufig die Korrelation von makroskopischen Phänomenen mit den lokalen Eigenschaften auf der Nanometerskala. Denn die Materialeigenschaften werden von mehreren Millionen Quadaratmetern Fläche bestimmt. Um die jeweiligen Phänomene zu verstehen, muss man sich also auf die Mikro- oder Nanometerskala begeben – ins Reich der Zwerge.

In der Vergangenheit hat man Materialeigenschaften weniger bewusst als vielmehr phänomenologisch untersucht und entwickelt. Heute beschreibt man die neuen Konzepte in molekularen Größenordnungen. Dieser gezielte Vorstoß in die Nanowelt wird erst durch den Einsatz moderner Analyse- und Messtechniken möglich. Denn mit ihrer Hilfe werden Details mit Abmessungen weit unterhalb der Lichtwellenlänge sichtbar. Man ist heutzutage in der Lage, einzelne Moleküle, ja unter Umständen sogar einzelne Atome abzubilden. Eine dieser Techniken, die derartiges möglich macht, ist die Rasterkraftmikroskopie (AFM). Hierbei wird eine inerte Nadelspitze an einem so genannten Cantilever positioniert und die zu untersuchende Oberfläche zeilenförmig abgerastert. Die Auslenkung des Cantilevers – bedingt durch „Berge" und Täler" auf der Oberfläche – wird mit Hilfe eines Laserstrahles in ein topografisches Oberflächenbild umgewandelt.

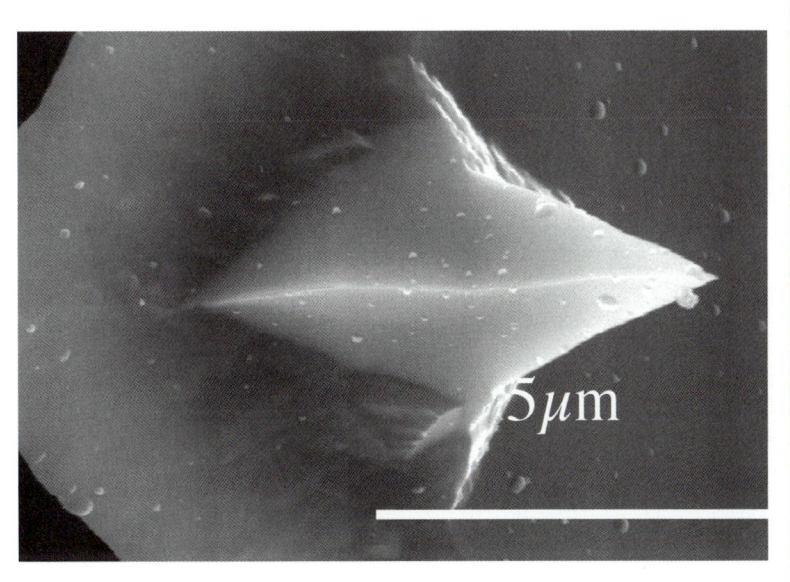

Elektronenmikroskopische Aufnahme einer inerten Nadelspitze, mit der in der Rasterkraftmikroskopie die zu untersuchende Oberfläche abgetastet wird.

Kapitel 8 Auf der Suche nach neuen Materialien

Mit Hilfe der Rasterkraftmikroskopie erhält man Informationen über
- die 3-dimensionale Struktur der Oberfläche,
- die lokalen mechanischen Eigenschaften von Werkstoffen,
- die magnetischen Domänen.

15. Woche

Derartige Informationen leisten einen wesentlichen Beitrag bei der Entwicklung neuartiger Schichtsysteme und Werkstoffeigenschaften. So können zum Beispiel neuartige, kratzfeste Beschichtungen im Nanomaßstab überprüft werden. Aussagen über die Widerstandsfähigkeit neuartiger Lackbeschichtungen sind mit Hilfe von Härteeindrücken möglich. Solche Härteeindrücke – auch Nano-Indents genannt – werden mittels einer entsprechenden „Nadelspitze" in die zu untersuchende Oberfläche gedrückt, wobei lediglich Kräfte in der Größenordnung von einigen Mikro-Newton notwendig sind.

Fazit

Für die Werkstoffentwicklung wird die lokale Analytik immer wichtiger. Denn nur so sind Aussagen über kleinste Dimensionen im Nanometer-Bereich möglich. Wenn man Aussagen aus dem Nanometer-Bereich verallgemeinert – also mit ihnen die beobachteten makroskopischen Eigenschaften erklären will – muss man folgendes bedenken: Mit dieser Verallgemeinerung springt man in einem einzigen Satz von mehr als acht Größenordnungen aus der Nanowelt in die makroskopische Welt. Das führt aber nur dann zu sinnvollen Ergebnissen, wenn der Werkstoff in seinen chemischen und physikalischen Eigenschaften sehr gut bekannt ist. Denn dann können Messergebnisse auf der Nanometer-Skala erfolgreich mit den makroskopischen Eigenschaften korreliert werden.

8.2 Wasserstoffanalytik mit hochenergetischen Ionen
Gute Referenzen

15. Woche *Uwe Reinholz und Wolf Görner, Bundesanstalt für Materialforschung und -prüfung (BAM), Berlin*

Die Materialforschung zeigt, dass oft der Gehalt an Wasserstoff die Eigenschaften von Materialien beziehungsweise die Qualität der Prozessführung bestimmt. Neben dem Wasserstoffgehalt im Kompaktmaterial ist das Tiefenprofil der Wasserstoffkonzentration in oberflächennahen Schichten von besonderer Bedeutung.

Der US-amerikanische Wissenschaftler William A. Lanford schlug 1976 die ^{15}N-Methode, ein Kernreaktionsanalyseverfahren (NRA) für die ortsaufgelöste Wasserstoffanalytik in oberflächennahen Schichten, vor. Sie kann auf die oben genannten Fragestellungen mittels der Kernreaktion $^{1}H(^{15}N,\alpha\gamma)^{12}C$ Antwort geben.

Der Wirkungsquerschnitt der Reaktion hat im Bereich von 6,385 MeV eine scharfe Resonanz. Diese ermöglicht die Messung des Wasserstofftiefenprofils in oberflächennahen Schichten. In der Industrie und Forschung werden schnelle und preiswerte Verfahren zur Wasserstoffanalyse benutzt. Diese Verfahren benötigen zur Kalibrierung in der Regel Referenzmaterialen (RM) mit bekannter Wasserstoffkonzentration.

Aus diesem Grunde haben Wissenschaftler an der BAM zwei Wasserstoff-RM's entwickelt: ein Kalk-Natron-Silikatglas für die industrielle Infrarotspektroskopie und amorphe, wasserstoffhaltige Si-Schichten auf Si-Einkristallsubstraten (aSi:H auf Si) für die zerstörungsfreie Analytik an dünnen, oberflächennahen Schichten. Der für das Kalk-Natron-Silikatglas vorläufig zertifizierte Wert für den Wasserstoffgehalt liegt bei (0,03263+/-0,00130) Mol pro Liter. Die Markteinführung ist 2006 geplant. Es wird ein umfangreicher Zertifizierungsbericht erscheinen.

Nano-Indents (oben) und Nano-Kratzer (unten) bei einem Anti-Fingerprint-System. Links: Rasterkraftmikroskopie-Aufnahmen. Rechts: Schnitt durch die Probe. Neben der reinen Kratzfestigkeit und Härte können mit dieser Technik zusätzlich Ausheilungsvorgänge (Reflow) von bereits zugefügten Kratzern studiert werden.

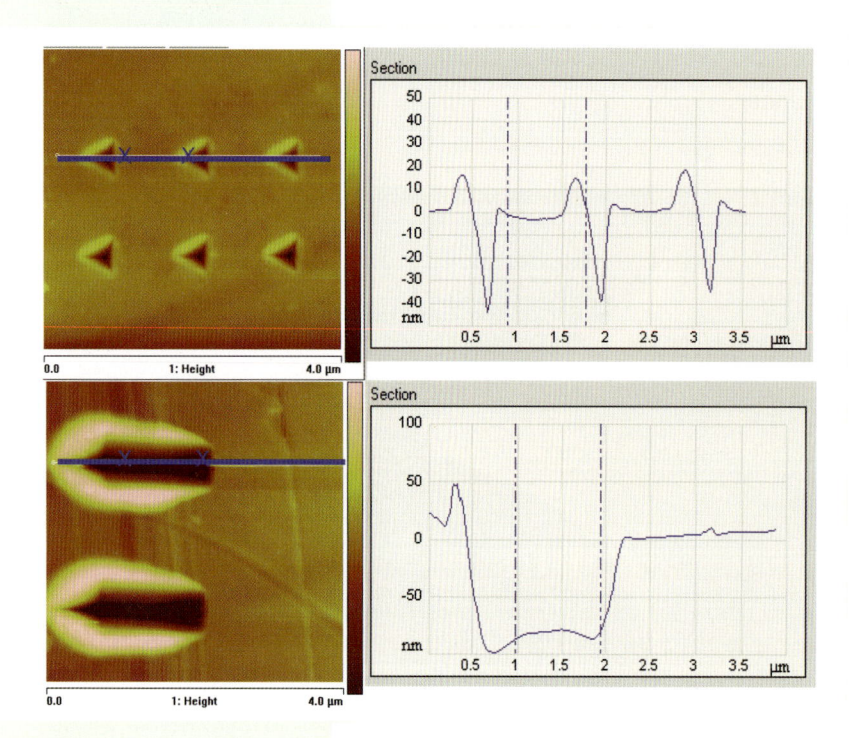

Auf der Suche nach neuen Materialien

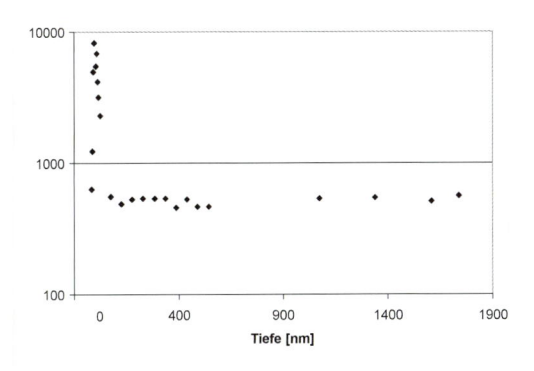

Kapitel 8

Wasserstofftiefenprofil eines Kalk-Natron-Silikatglases mit Oberflächenpeak und konstanter Wasserstoff-Konzentration in der Tiefe

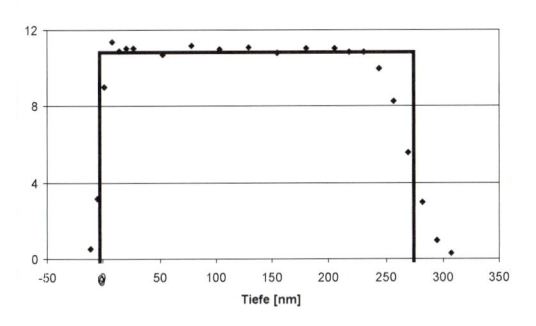

Wasserstofftiefenprofil einer amorphen Siliziumschicht auf Siliziumsubstrat. Die durchgezogenen Linie zeigt das aus der Messung berechnete kastenförmige Profil der H-Verteilung

Um die H-Analytik dünner Schichten auf eine absolute Basis zu stellen, haben wir ein H-Dünnschicht-RM mit kastenförmigem H-Profil entwickelt. Für die Herstellung der amorphen, wasserstoffhaltigen Si-Schichten auf Si-Einkristallsubstraten haben wir die plasmaunterstützte chemische Gasphasenabscheidung (PE-CVD) verwendet. Hergestellt wurden die Schichten am Hahn-Meitner-Institut in Berlin.

Insgesamt wurden drei Substrate beschichtet und die Schichten auf ihre Stabilität Homogenität und Rückführbarkeit untersucht. Die Rückführbarkeit konnte zum einen in einem internationalen Ringversuch demonstriert werden, an dem Labore beteiligt waren, die ihre Analytik auf fundamentale Parameter zurückführen. Zum anderen konnten wir sie durch Analytik der Elemente Kohlenstoff, Wasserstoff und Stickstoff mittels Verbrennung und Rückführung auf einen Urtiter nachweisen. Die vorläufig zertifizierten Werte des Wasserstoffgehaltes der aSi:H-Schichten betragen (13,9+/-0,6) Atomprozent, (9,8+/-0,4) Atomprozent und (12,2+/-0,6) Atomprozent. Der Zertifizierungsbericht ist in Arbeit.

Auch für zerstörende Methoden wie Sekundärionen-Massenspektrometrie oder Optische Emissions-Spektroskopie ergibt sich ein Bedarf an stabilen und rückgeführten RM's auf Basis von aSi:H. In der BAM wird gegenwärtig an einer solchen Entwicklung gearbeitet.

8.3 Zweidimensionale Flüssigchromatographie als Schlüsselmethode moderner Materialforschung
Von der Struktur zur Eigenschaft

43. Woche *Daniela Knecht und Harald Pasch, Deutsches Kunststoff-Institut und FB Chemie der TU Darmstadt*

Hydrophile Polymere werden nicht nur in den bekannten Anwendungsgebieten wie Verpackungen, Kosmetika oder Waschmitteln eingesetzt. Auch in anderen wichtigen Bereichen wie etwa der Wasseraufbereitung und der Baustoffindustrie haben sie eine große Bedeutung. Durch gezielte Auswahl bestimmter Strukturvarianten und Herstellungsverfahren lassen sich diese makromolekularen Verbindungen für spezielle Eigenschaften und Einsatzgebiete maßschneidern. Hierbei ist eine leistungsfähige Analytik – die sich ganz wesentlich von der allgemeinen chemischen Analytik unterscheidet – von zentraler Bedeutung.

43. Woche

Schematische Darstellung der Zweidimensionalen Chromatographie (2D-LC). Im vorliegenden Fall wird zuerst die Trennung nach der chemischen Zusammensetzung (1. Dimension) durchgeführt, danach erfolgt die Trennung nach der Molekülgröße (2. Dimension).

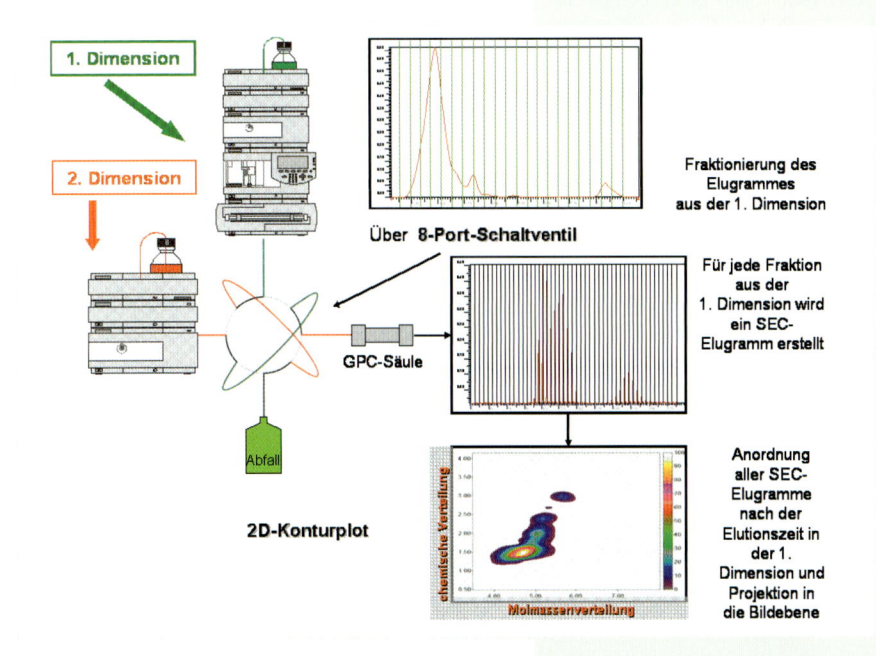

Fraktionierung des Elugrammes aus der 1. Dimension

Für jede Fraktion aus der 1. Dimension wird ein SEC-Elugramm erstellt

Anordnung aller SEC-Elugramme nach der Elutionszeit in der 1. Dimension und Projektion in die Bildebene

Kapitel 8 — Auf der Suche nach neuen Materialien

Polymere sind keine einheitlichen Moleküle, sie haben vielmehr eine komplexe molekulare Zusammensetzung. So bilden sie Kettenstrukturen mit unterschiedlichen chemischen Zusammensetzungen, Funktionalitäten und Molmassen. In der klassischen Analytik werden Polymere durch Mittelwerte wie die mittlere Molmasse oder die mittlere chemische Zusammensetzung beschrieben. Für das Maßschneidern moderner Polymermaterialien und die Erarbeitung von Struktur-Eigenschaftsbeziehungen reichen diese Parameter jedoch nicht. Hier gilt es, neben den entsprechenden Mittelwerten auch die zugehörigen Verteilungsfunktionen experimentell zu ermitteln.

48. Woche

Für die Bestimmung von Verteilungsfunktionen in komplexen Polymeren ist die Hochleistungsflüssigchromatographie (HPLC) eine geeignete Methode. Als Größenausschlusschromatographie (SEC) kann sie genutzt werden, um Polymere nach ihrer Molekülgröße zu trennen. Soll eine komplexe Polymerprobe bezüglich ihrer chemischen Verteilung aufgetrennt werden, nutzt man die unterschiedlichen Verfahren der Wechselwirkungschromatographie, wie die Adsorptionschromatographie (LAC) oder die Chromatographie am kritischen Punkt der Adsorption (LCCC). Die effektivste Art der Analyse von komplexen Polymerproben ist die online gekoppelte Zweidimensionale Chromatographie (2D-LC). Bei dieser Methode wer-den die LAC und SEC über ein elektrisch betriebenes Speicherschleifensystem miteinander gekoppelt.

Im ersten Schritt der 2D-Trennung wird die Polymerprobe nach der chemischen Zusammensetzung (LAC) fraktioniert. Das die LAC-Säule verlassende Eluat wird über zwei Speicherschleifen in gleich große Volumina aufgeteilt, die dann jeweils zeitlich versetzt in die SEC (2. Dimension) injiziert werden. Man erhält so für jede Fraktion aus der 1. Dimension zusätzlich eine Information zur Molmassenverteilung. Trägt man diese Information entlang dem Volumen des Eluats der 1. Dimension auf, so erhält man ein so genanntes 2D-Konturdiagramm, aus dem man direkt beide Informationen – chemische Zusammensetzung und Molmassenverteilung – ablesen kann.

Diese Methode wird zunehmend für die Erarbeitung von Struktur-Eigenschaftsbeziehungen eingesetzt. Ein Beispiel aus der Bauchemie: Um die Fließfähigkeit von Fertigbeton zu verbessern, werden dem Beton Viskositätsverbesserer zugesetzt. Dabei handelt es sich um ternäre Copolymere auf der Basis von Polyethylenoxid. Molmasse, chemische Zusammensetzung und Ladungsverteilung dieser Copolymere beeinflussen die Eigenschaften des Betons. Diese Eigenschaften lassen sich mit 2D-Konturdiagrammen darstellen. Das Ergebnis dieser Analytik war, dass Fließverbesserer mit guten Anwendungseigenschaften eine möglichst geringe chemische Heterogenität aufweisen sollten.

8.4 Neue Technologie angewandter Polymerforschung
Hundert mal schneller zu neuen Sensormaterialien

48. Woche *Vladimir M. Mirsky, Institut für Analytische Chemie, Chemo- und Biosensorik, Universität Regensburg*

Die herausragende Bedeutung und das große Anwendungspotential elektrisch leitender Polymere wird unter anderem daran deutlich, dass ihre Erfinder Alan J. Heeger, Alan G. MacDiarmid und Hideki Shirakawa dafür im Jahre 2000 mit dem Nobelpreis ausgezeichnet wurden. Zu den heutigen und zukünftigen Anwendungen leitender Polymere zählen Korrosionsschutz, chemische und biologische Sensoren, Ionenaustauscher, Katalysatoren, elektrochrome Fenster, elektronische Bauteile wie Solarzellen, Transistoren, Dioden, Kondensatoren, Licht emittierende Dioden und Displays oder ganze integrierte Schaltungen.

Naturgemäß sind für diese sehr verschiedenen Anwendungsgebiete auch die Anforderungen an die Polymere sehr unterschiedlich, ja oftmals sogar konträr. Um diese Anforderungen zu erfüllen, ist eine Technologie notwendig, die sowohl eine schnelle und billige Synthese als auch die Charakterisierung neuer Polymere ermöglicht. Dieser Aufgabe stellten wir uns und entwickelten ein Konzept zur elektrochemischen Polymerisation. Darauf basierend entstand ein Gerät für die vollautomatische, kombinatorische Elektropolymerisation sowie die Hochdurchsatz-Charakterisierung der elektrischen Eigenschaften der synthetisierten Polymere. Zunächst haben wir mit

2D-LC-Konturdiagramme von drei Viskositätsverbesserern, 1. Dimension: LCCC, 2. Dimension: SEC. Ohne die Unterschiede in den Diagrammen im Detail zu diskutieren, ist leicht zu erkennen, dass die Proben 1 und 2 relativ ähnlich sind, während Probe 3 eine deutlich höhere Komplexität aufweist. Bei der Messung der Anwendungseigenschaften zeigte sich, dass die Proben 1 und 2 sehr gute Anwendungseigenschaften haben, während Probe 3 als Fließverbesserer ungeeignet ist.

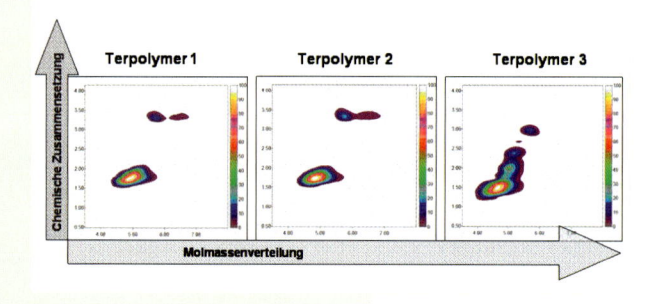

Auf der Suche nach neuen Materialien

Kapitel 8

diesem Gerät den Einfluss von Gasen wie Chlorwasserstoff auf die Eigenschaften verschiedener Polymere geprüft. Die gesamte Technologie ist aber so konzipiert, dass sie auf möglichst viele Anwendungsgebiete übertragen werden kann.

Da man die Polymerisation auf festen, leitenden Oberflächen durch entsprechende elektrochemische Potentiale steuern kann, liegt es nahe, diesen Prozess durch Computer gesteuerte Technologien zu realisieren. Ordnet man die Elekroden auf einem Array an, so kann man auf komplizierte und teuere Dispensiersysteme verzichten. So ist gleichzeitig eine sofortige Charakterisierung der erzeugten Polymere und eine programmierbare Datenanalyse möglich. Lässt man die gewonnenen Ergebnisse aus der Charakterisierung sofort als Feedback in die Steuerung der nächsten Polymerisierungsschritte einfließen, ist eine zielgerichtete kombinatorische Synthese auf schnelle und einfache Weise möglich.

Das System liefert und vergleicht:
• Analytische Empfindlichkeit
• Relative Empfindlichkeit
• Antwortzeit
• Effizienz der Regeneration
• Reversibilität
• Reproduzierbarkeit und andere analytisch-relevante Eigenschaften von neuen Polymeren

Zudem kann man diese Analyse-Technologie auch bei Erzeugung enzymatischer Biosensoren anwenden. Hierbei findet die Signalübertragung durch Elektronentransfer oder durch Änderung des pH-Werts statt. Auf dem Gebiet chemischer Sensoren, die nach dem Prinzip der molekular geprägten Polymere funktionieren, lässt sich mit Hilfe der vollautomatischen kombinatorischen Elektropolymerisation die Zusammensetzung des Polymers optimieren. Eine schichtweise Polymersiastion verschiedener Polymere mit unterschiedlicher Zusammensetzung oder Schichtdicke führt zu Multischicht-Strukturen, die als chemosensitive Dioden und Transistoren verwendbar sind. Auch eine Vielzahl von Elektrokatalysatoren lassen sich auf Basis von Elektropolymeren erzeugen und optimieren. Ferner kann man mit der hier vorgestellten Technik Materialien für den Korrosionsschutz oder zum Einsatz in der organischen Elektronik entwickeln und optimieren. Beispiele sind Schottky-Dioden und MSM-Strukturen, organische lichtemittierende Dioden und Displays sowie organische Feld-Effekt-Transistoren.

Kombinatorische Bibliothek auf dem Substrat.

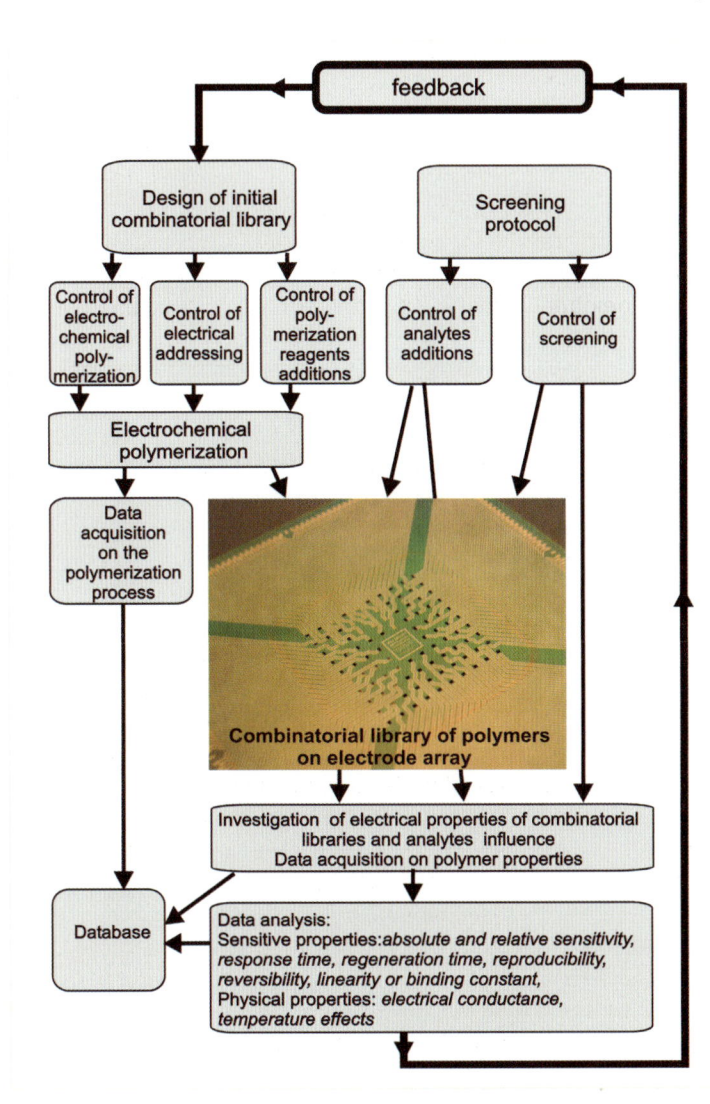

Das integrierte Konzept der kombinatorischen Elektropolymersierung und Hochdurchsatzcharakterisierung auf einem chemischen Mikroarray.

9

Die Struktur macht's

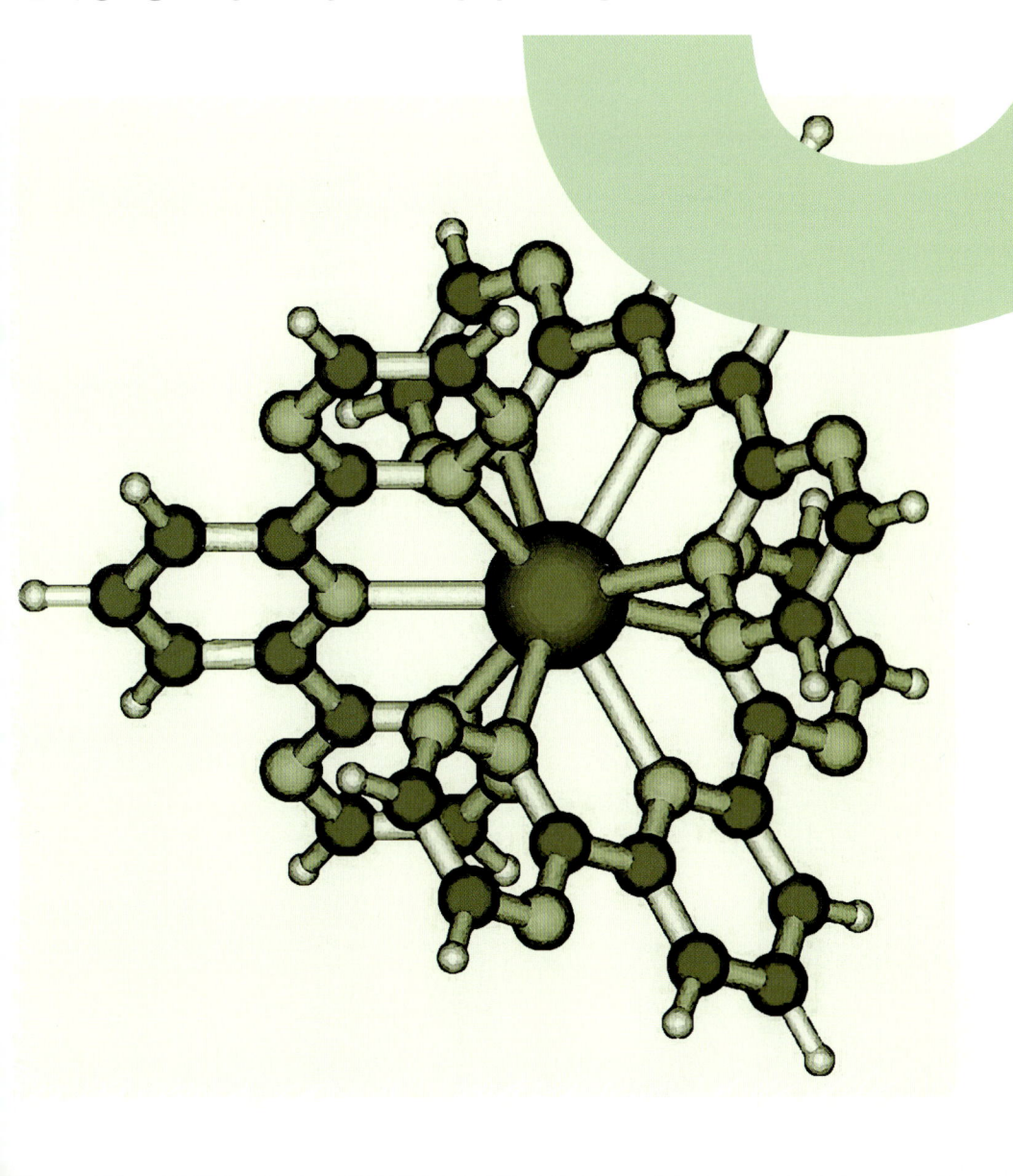

9 Die Struktur macht's

Erst eine ganz bestimmte räumliche Anordnung der einzelnen Atome macht die jeweilige Wirkung chemischer Stoffe aus. Denn es ist nicht egal, ob Stoffe zwar aus denselben Atomen mit denselben Verknüpfungen aber nicht in derselben räumlichen Art und Weise zusammengesetzt sind. Rechte und linke Hand sind nun einmal nicht identisch und Bild ist nicht gleich Spiegelbild. Auch die räumliche Anordnung ganzer Moleküle – in Form starrer Ketten oder loser Fäden – bestimmt entscheidend, wie man sie einsetzen kann, zur Trennung wertvoller Naturstoffe zum Beispiel. Die Analyse der Struktur bringt all dies an den Tag.

9.1 Isolierung, Trennung und Strukturaufklärung wertvoller Substanzen aus der Natur

Starre Ketten trennen besser

2. Woche *Christoph Meyer, Petra Hentschel, Jens Rehbein, Marc-David Grynbaum, Norbert Welsch und Klaus Albert, Eberhard-Karls-Universität Tübingen, Institut für Organische Chemie*

Will man Stoffe quantitativ aus biologischen Proben isolieren, darf der zu analysierende Stoff nicht isomerisieren oder sogar zerstört werden. Deshalb wendet man effektive Extraktionsverfahren wie die Matrix Solid Phase Dispersion (MSPD) an. Mit diesem Verfahren kann man eine Oxidation oder Isomerisierung der Analyten verhindern und gleichzeitig ihre Anreicherung erreichen. Um die zu analysierenden Stoffe optimal aufzutrennen, synthetisieren wir in unserem Arbeitskreis massgeschneiderte Materialien für die Flüssigchromatographie – so genannte Reversed-Phase Liquid Chromatography (RPLC) Materialien. Dies gelingt jedoch nur, wenn man den Trennprozess auch auf molekularer Ebene verstanden hat.

Um die jeweiligen verschiedenen Wechselwirkungsprozesse zwischen Analyten und der stationären Phase im Einzelnen aufzuklären, wenden wir zwei verschiedene Methoden an: Festkörper-NMR-Spektroskopie sowie Suspensions Magic Angle Spinning (MAS) NMR Spektroskopie in Anwesenheit der mobilen Phase.

Die von uns entwickelten polymerbasierten Trennmaterialien zeigen eine hervorragende Trennleistung. Diese beruht darauf, dass in diesen Polymer-Trennphasen vorhandene starr angeordnete unpolare Alkylketten wesentlich besser mit dem Analyten wechselwirken als die eher mobil angeordneten Alkylketten in C18 Phasen. Dadurch ist beispielsweise eine verbesserte Analytik von Carotinoiden möglich. Allerdings liegen die einzelnen Stoffe in biologischen Proben meist in geringen Konzentrationen vor. Durch die Miniaturisierung chromatographischer Trenntechniken können solche Substanzen jedoch – je nach Detektionsmethode – bis in den Picogramm-Bereich nachgewiesen werden.

Um die Struktur von unbekannten Analyten eindeutig, schonend und zerstörungsfrei bestimmen zu können, koppeln wir in unserem Arbeitskreis die Kapillar LC mit der Kernmagnetischen Resonanzspektroskopie (capLC-NMR). Denn die NMR-Spektroskopie ist trotz ihrer relativen Unempfindlichkeit die einzige Methode, die eine eindeutige Strukturzuordnung im Mikrogramm-Bereich liefern kann. Da unsere Polymerbasierten Trennphasen eine höhere Selektivität und Kapazität als C18-Phasen aufweisen, können sie für LC-NMR-Experimente deutlich höher beladen werden. So erreichen wir ei-

Durch starr angeordnete Alkylketten können Analyten besser mit der stationären Phase wechselwirken.

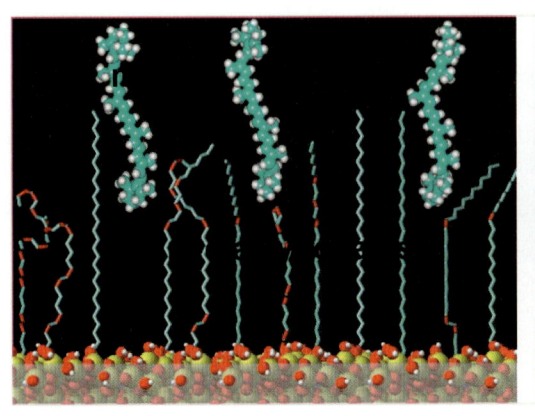

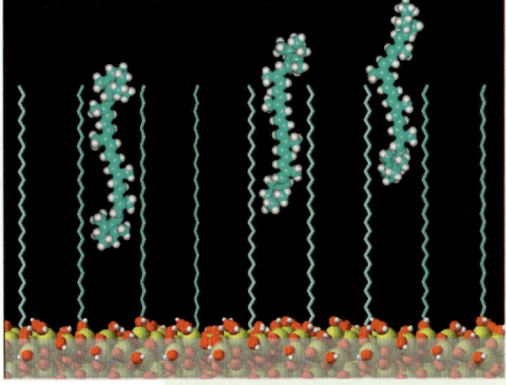

Kapitel 9 Die Struktur macht's

ne höhere Probenkonzentration in der NMR-Meßzelle sowie ein besseres Signal-zu-Rausch Verhältnis und somit bessere Messergebnisse. Zusätzliche Empfindlichkeit erhalten wir dadurch, dass in den Probenköpfen die Detektion senkrecht zum äußeren Magnetfeld erfolgt.

Experimentelle Anordnung für die Kapillar LC-NMR Kopplung.

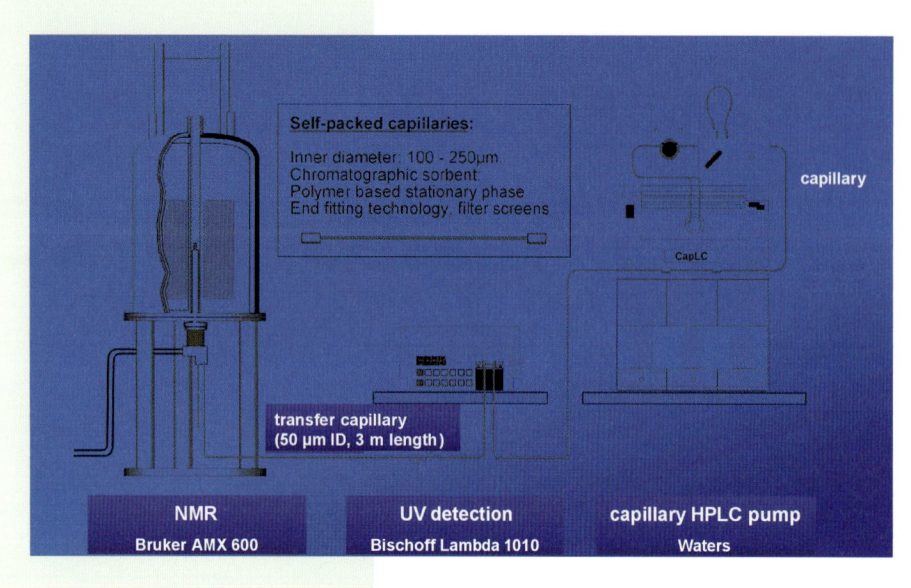

Self-packed capillaries:
Inner diameter: 100 - 250μm
Chromatographic sorbent
Polymer based stationary phase
End fitting technology, filter screens

transfer capillary
(50 μm ID, 3 m length)

capillary

CapLC

NMR	UV detection	capillary HPLC pump
Bruker AMX 600	Bischoff Lambda 1010	Waters

4. Woche

9.2 Chiralität und die Bedeutung chromatographischer Enantiomerentrennung
Von Bildern und Spiegelbildern

4. Woche *Volker Schurig, Institut für Organische Chemie, Universität Tübingen*

Der Begriff Chiralität (*Händigkeit* aus dem griechischen von *cheir* = Hand) wurde vor über hundert Jahren von Lord Kelvin geprägt. Danach ist jede geometrische Figur chiral, wenn Bild und Spiegelbild nicht zur Deckung gebracht werden können. Chirale Objekte enthalten keine Elemente der Reflexion wie Spiegelebene (σ, S_1), Inversionszentrum (i, S_2) oder Drehspiegelachse (S_n). Deshalb bilden chirale Objekte, wie die Hand, stets zwei inkongruente Spiegelbildformen, die als Enantiomere bezeichnet werden. Nach Lord Kelvin sind zwei rechte oder zwei linke Hände zueinander homochiral und rechte und linke Hand heterochiral.

Chiralität hat eine zentrale Bedeutung in den Naturwissenschaften. Die meisten Bausteine von Lebewesen, wie Aminosäuren und Zukker, sind chiral und zeigen Spiegelbildasymmetrie. Dabei tritt bei allen selbstreplizierenden Systemen (Viren, Bakterien, Pflanzen, Tiere, Mensch) immer nur eine Form auf, z. B. L-konfigurierte Aminosäuren und D-konfigurierte Zucker. Die Homochiralität gilt als die notwendige Bedingung für die Entstehung des Lebens auf der Erde. Selbst im dritten Millenium ist noch unbekannt, wie die Bevorzugung des Bildes vor dem Spiegelbild erfolgte und warum L-Aminosäuren und D-Zucker ausgewählt wurden. Die chirale Urzeugung mag auf der Erde stattgefunden haben, kann aber grundsätzlich auch durch Kontamination mit homochiraler Materie aus dem Weltraum herrühren. Deshalb sind Raumsonden auf dem Weg (Rosetta-Mission) oder in der Planung (Exo-Mars, Titan: Mond des Saturn), um extraterrestrische Homochiralität nachzuweisen.

Der Eindruck, der beim Riechen einer duftenden Substanz gewonnen wird, hängt mit der Händigkeit des Moleküls zusammen, da die Riechrezeptoren der Nase chiral aufgebaut sind, vergleichbar mit einem rechten Handschuh, der rechte und linke Hand unterscheidet. Dieses Prinzip gilt nahezu für alle biogenen Wechselwirkungen und betrifft besonders chirale Medikamente. Meist entfaltet nur eines der beiden Enantiomere (Eutomer) die gewünschte Wirkung, während das andere Enantiomer (Distomer) unwirksam oder sogar toxisch ist. Gesetzgeberische Instanzen verordneten deshalb der pharmazeutischen Industrie die Herstellung des therapeutisch nützlichen Eutomers in einer enantioselektiven asymmetrischen Synthese. Der Umsatz enantiomerenreiner Medikamente betrug um die Jahrtausendwende 150 Milliarden US-Dollar jährlich mit 15-prozentigen Zuwachsraten.

Neben der enantioselektiven Synthese ist die Analytik chiraler Verbindungen von großer Bedeutung. Die Ausgaben für die Enantiomeranalytik betrugen um die Jahrtausendwende weltweit 150 Millionen US-Dollar jährlich. In unserer Arbeitsgruppe werden seit 30 Jahren chromatographische Verfahren zur Enantiomerentrennung entwickelt, die weltweit eingesetzt werden. Diese Trennmethoden machen sich das einfache Prinzip der Unterscheidung von rechten und linken Händen durch einen

Homochiral   Heterochiral

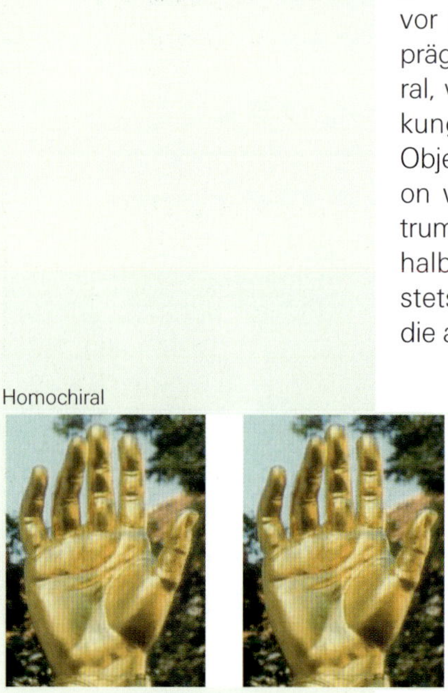

Die Struktur macht's Kapitel 9

rechten Handschuh zunutze. Die Übertragung dieses Prinzips in den molekularen Maßstab ist aufwändig und zeitraubend. Hierbei wird zum Beispiel ein *rechtshändiger* Selektor (R') in eine Trennsäule eingebracht und danach *rechtshändige* und *linkshändige* Selektanden (R und S) beim Durchströmen der Säule aufgetrennt. Die Enantiomerentrennung beruht auf dem energetischen Unterschied der diastereomeren Assoziate RR' und SR', die in jedem theoretischen Boden der Trennsäule schnell und reversibel ausgebildet werden.

In neuen Chirasil-Phasen werden chirale Selektoren, z. B. Metallchelate oder modifizierte Cyclodextrine an Polysiloxane chemisch angebunden und damit die Enantioselektivität mit hoher gaschromatographischer Effizienz kombiniert. Chirasil-ß-Dex läßt sich thermisch auf Quarz- und Silicagel-Oberflächen immobilisieren. Es kann deshalb in allen modernen chromatographischen und elektrophoretischen Methoden als universelle chirale Trennphase in offenen und gepackten Säulen eingesetzt werden („unified enantioselective approach').

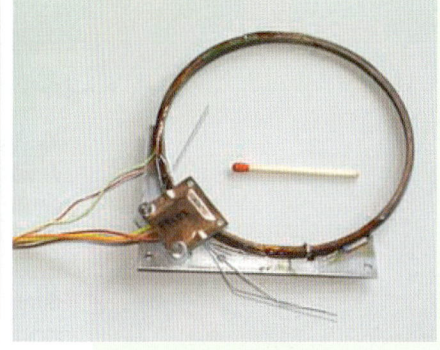

(Quelle: Uwe J. Meierhenrich)

Die robuste Phase Chirasil-ß-Dex eignet sich auch zur gaschromatographischen Enantiomerentrennung von derivatisierten Aminosäuren und von gesättigten chiralen Kohlenwasserstoffen. Eine Chirasil-ß-Dex Kapillarsäule befindet sich seit mehr als einem Jahr im Weltraum auf dem Weg zum Kometen 67P/*Churyumov-Gerasimenko* zum Nachweis etwaiger extraterrestrischer Homochiralität in der Rosetta Mission der europäischen Raumfahrtbehörde. Weitere Anwendungen von Chirasil-ß-Dex sind für die Mars-Mission *Pasteur* und die Titan-Mission *Huygens II* geplant.

Die **Fachgruppe Analytische Chemie** sieht ihre Hauptaufgabe in der Zusammenfassung aller an der analytischen Chemie interessierten Wissenschaftler und Praktiker. Unser Anliegen ist die Förderung der Analytik durch Pflege des Gedanken- und Erfahrungsaustausches und Vermittlung fachlicher Anregung in analytischen Fragestellungen. Besonders richtet sich unser Augenmerk auf die modernen Entwicklungen in der analytischen Chemie.

Die Fachgruppe hat sich zum Ziel gesetzt, durch Stellungnahmen und Positionspapiere wissenschafts- und forschungspolitische Akzente im Bereich der Analytischen Chemie zu setzen, angemessene Rahmenbedingungen für das Fachgebiet zu schaffen und die Position der Grundlagenforschung in diesem Bereich zu stärken.

Zur Förderung des wissenschaftlichen Nachwuchses vergibt die Fachgruppe Stipendien. Außerdem werden Junganalytiker verstärkt in die Arbeit der Fachgruppe eingebunden.

GDCh
GESELLSCHAFT DEUTSCHER CHEMIKER

Kapitel 9 Die Struktur macht's

14. Woche

9.3 ChemKrist: Röntgenstrukturanalyse und mehr
In kristallinen Pulvern lesen

14. Woche *Ernst Egert, Institut für Organische Chemie und Chemische Biologie, Johann Wolfgang Goethe-Universität Frankfurt*

Genaue experimentelle Strukturbestimmungen sind bei vielen Forschungsprojekten unverzichtbar. Aus der Vielzahl von Strukturbestimmungsmethoden ragt – neben der NMR-Spektroskopie – die Röntgenstrukturanalyse heraus, die auf der Beugung von Röntgenstrahlen an Kristallen beruht. Zwar muss die untersuchte Verbindung zuvor kristallisiert werden, doch dies wird durch die von keiner anderen Methode erreichte Zuverlässigkeit und Genauigkeit wettgemacht. Ursache dafür ist eine Fülle an experimentellen Daten, die für ein ausgezeichnetes Daten/Parameter-Verhältnis sorgt. Für die Entwicklung und Anwendung der Röntgenstrukturanalyse wurden annähernd 30 Nobelpreise verliehen.

Aus den mit Hilfe eines automatischen Diffraktometers gemessenen Intensitäten des dreidimensionalen Röntgenbeugungsmusters erhält man die gesuchte Struktur nicht direkt. Zunächst muss man das berühmt-berüchtigte „Phasenproblem" lösen. Dank moderner Strukturlösungsmethoden und hervorragender Rechenprogramme ist die Röntgenstrukturanalyse allerdings schon lange keine Kunst mehr, die nur von wenigen Spezialisten beherrscht wird. Ein eindrucksvoller Beweis dafür sind die mehr als 250.000 Kristallstrukturen in der Cambridge Structural Database, die für die Untersuchung vieler chemischer Probleme eine wahre Fundgrube ist. Es handelt sich jedoch auch keineswegs um ein „Routineverfahren" und wird dies auch auf absehbare Zeit nicht werden. Denn in allen Stadien einer Röntgenstrukturanalyse lauern Fallen, in die selbst ausgebildete Kristallographen leicht tappen können. Der Arbeitskreis Chemische Kristallographie (www.chemkrist.de) innerhalb der GDCh-Fachgruppe Analytische Chemie hat es sich daher zur Aufgabe gemacht, durch regelmäßige Fortbildungsveranstaltungen, wie Sommerschulen, Workshops oder wissenschaftliche Tagungen, alle an der Röntgenstrukturanalyse im weitesten Sinne Interessierten – insbesondere Diplomanden und Doktoranden – mit neuen Entwicklungen und Problemlösungsstrategien vertraut zu machen.

Wenn die etablierten Verfahren versagen – vor allem bei größeren Molekülen und kleinen Kristallen – ist die Lokalisierung eines bekannten Strukturfragments in der kristallographischen Elementarzelle eine leistungsfähige Alternative. Denn hier wird die a priori vorhandene chemische Information optimal genutzt. Mit dem von uns entwickelten Programm PATSEE wurden nicht nur viele problematische Strukturen aufgeklärt. Es wird auch erfolgreich eingesetzt, um Kristallstrukturen aus Pulverdaten zu bestimmen.

Viele Verbindungen kristallisieren notorisch schlecht. Bestenfalls erhält man ein kristallines Pulver, das beim Röntgenbeugungsexperiment kein dreidimensional aufgelöstes Muster, sondern die typischen Pulverringe ergibt. Dies bedeutet letztendlich die Reduktion der Daten auf eine einzige Dimension. Die Strukturbestimmung mit einer solch geringen Datenmenge ist eine schwierige Aufgabe. Der Datenverlust ist jedoch kompensierbar, wenn man ein Molekülfragment kennt. Nach vielen Tests mit bekannten Strukturen konnten wir die Lösungsstrategie so weit optimieren, dass die Bestimmung unbekannter Strukturen aus Pulverdaten gelingt.

Um diese Methode einsetzen zu können, müssen allerdings wesentliche Teile der dreidimensionalen Molekülstruktur bekannt sein. Neben Datenbanken, in denen experimentell bestimmte Strukturen gespeichert sind, liefern empirische Kraftfeld- oder Molekülmechanik-Rechnungen sehr schnell zuverlässige Molekülgeometrien. Das war für uns der Anstoß, ein eigenes Kraftfeldprogramm (MOMO) zu entwickeln.

Wir wollten damit jedoch viel mehr erreichen: MOMO sollte die Basis für zukünftige methodische Entwicklungen sein. In den letzten zehn Jahren haben wir verschiedene Strategien zur Konformationsanalyse flexibler Moleküle getestet, ein verbessertes Punktladungsmodell erarbeitet, Multipolmomente zur genaueren Beschreibung intermolekularer elektrostatischer Wechselwirkungen eingeführt, Algorithmen für die automatische Parametrisierung entwickelt sowie ein neuartiges Solvatationsmodell in Angriff genommen. Seit kurzem können wir auch die Strukturen supramolekularer Kom-

Einkristalle liefern ein gut aufgelöstes Beugungsdiagramm (links). Ein kristallines Pulver führt nur zu Pulverringen (rechts). Die Strukturbestimmung ist viel schwieriger. In diesem Beispiel diente der linke Weg zur Bestätigung des rechten.

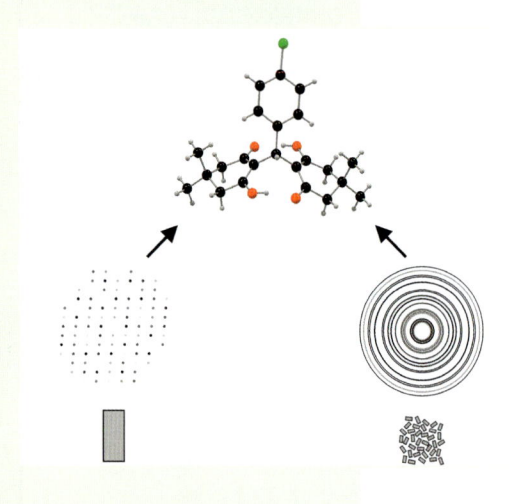

Die Struktur macht's

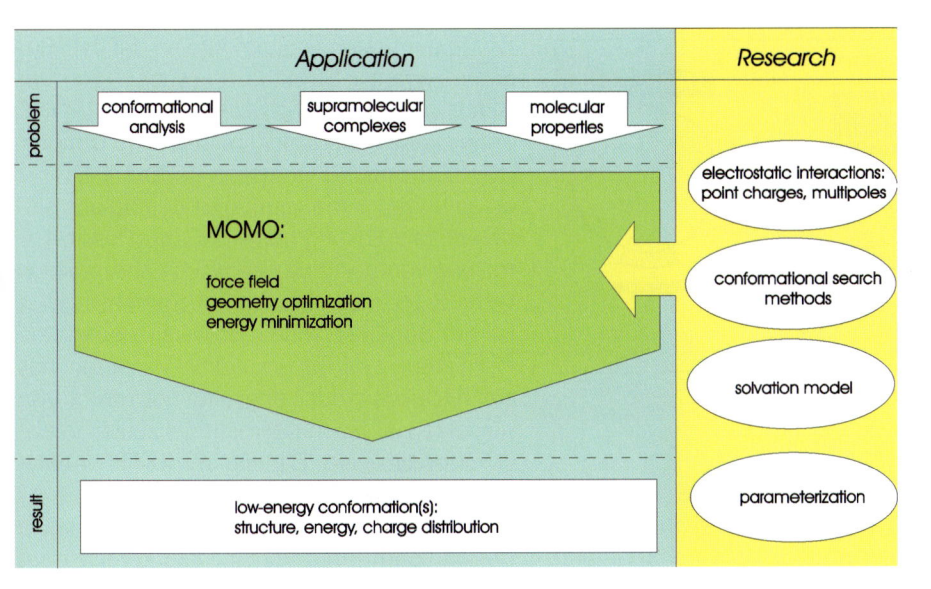

MOMO kann Moleküleigenschaften zuverlässig vorhersagen; dabei helfen die methodischen Verbesserungen erheblich.

plexe vorhersagen und beschäftigen uns nun mit dem Design von Komplexen, die durch Wasserstoffbrücken zusammengehalten werden. Die Strukturen, die nach einem „Screening" mit MOMO vielversprechend aussehen, werden synthetisiert, kristallisiert und durch Röntgenstrukturanalyse experimentell verifiziert. Uns interessieren dabei besonders Moleküle, die bei der Komplexbildung ihre Konformation ändern. Wenn uns hier zuverlässige Vorhersagen gelingen, wollen wir uns Wirkstoff/Rezeptor-Komplexen zuwenden.

9.4 Die INE-Beamline zur Actiniden-Forschung an ANKA
Actiniden Komplexe

41. Woche *Melissa A. Denecke, Forschungszentrum Karlsruhe, Institut für Nukleare Entsorgung*

Speziell für Untersuchungen an Actiniden und anderen radioaktiven Materialien hat das Institut für Nukleare Entsorgung (INE) des Forschungszentrums Karlsruhe (FZK) ein geeignetes Strahlrohr („INE-Beamline") an der Synchrotronstrahlungsquelle ANKA des FZK konzipiert, gebaut und im Jahr 2005 in Betrieb genommen. An der neuen INE-Beamline können radioaktive Proben bis zum millionenfachen der zulässigen Freigrenze gemessen werden. In Verbindung mit den benachbarten Actiniden-Laboratorien des INE und den dort vorhandenen experimentellen Möglichkeiten und analytischen Methoden ist diese Einrichtung einzigartig in Europa. Am 18. Februar 2005 wurden an der INE-Beamline die ersten Messungen an radioaktiven Proben erfolgreich durchgeführt. Mit Einbindung der Beamline in das ANKA Proposal-System zur Strahlzeitvergabe an externe Nutzer wurde die Einführungsphase im September 2005 beendet. Zugang zu der INE-Beamline ist auch durch das „European Network of Excellence for Actinide Sciences" (ACTINET) der EU möglich, in dem das INE eine der vier europäischen Core-Institutionen ist.

Die Röntgenabsorptionsspektroskopie, für die die INE-Beamline optimiert ist, ist eine elementspezifische Methode zur Bestimmung der strukturellen Nahordnung, der Oxidationsstufen und der elektronischen Struktur von Atomen. In einem XAFS-Experiment (XAFS: X-ray Absorption Fine Structure) wird die Änderung des Absorptionskoeffizienten bei variierender Energie der Röntgenstrahlung gemessen. Zur Anregung der Probe an der INE-Beamline dient die hochintensive monochromatisierte Synchrotronstrahlung des Elektronenspeicherrings ANKA. Durch Analyse der zwei unterschiedlichen Energiebereiche

TA INSTRUMENTS

VORSTELLUNG DES WELTWEIT ERSTEN RHEOMETER MIT EINEM MAGNETLAGER

TA INSTRUMENTS FREUT SICH IHNEN EIN NEUES RHEOMETER MIT BISHER UNERREICHTEN EIGENSCHAFTEN VORSTELLEN ZU KÖNNEN. DAS NEUE AR-G2 IST DAS ERSTE KOMMERZIELLE RHEOMETER MIT EINEM AXIALMAGNETLAGER FÜR ULTRANIEDRIGE DREHMOMENTKONTROLLE IM NANOMETER-BEREICH. MIT DEN VERBESSERUNGEN IN NAHEZU ALLEN KENNDATEN IST DIE LEISTUNGSFÄHIGKEIT DES AR-G2 EINZIGARTIG.

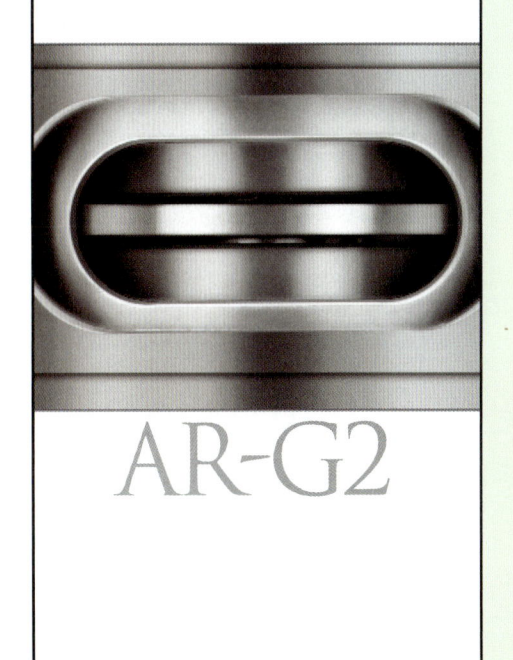

AR-G2

WWW.TAINSTRUMENTS.COM

Kapitel 9 Die Struktur macht's

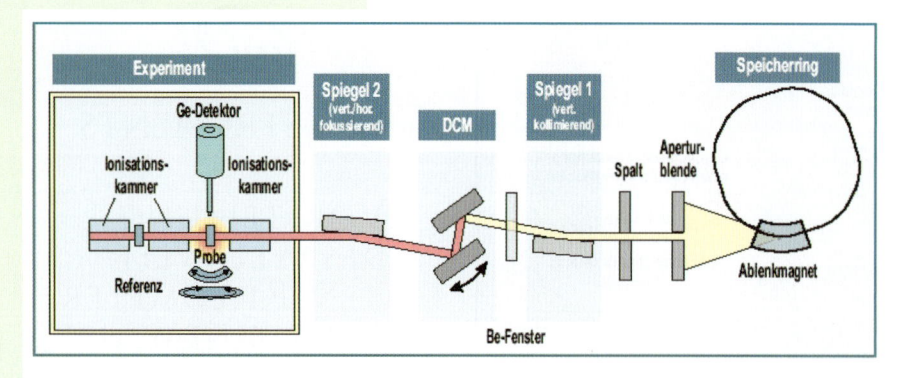

Schematischer Aufbau der INE-Beamline an ANKA. Synchrotronlicht von einem Ablenkmagneten (Bending Magnet) im ANKA-Speicherring (Storage Ring) dient als Quelle. Zur Auswahl der gewünschten Röntgenlicht-Wellenlänge wird ein Kristallmonochromator (DCM: "Double Crystal Monochromator) verwendet. Die zwei Spiegelsysteme (Mirror 1 und Mirror 2) dienen zur Strahlkollimierung und Fokussierung.

von XAFS-Spektren, die XANES (X-ray Absorption Near Edge Structure) und EXAFS (Extended X-ray Absorption Fine Structure), kann man die interatomaren Abstände sowie Anzahl und Art von benachbarten Atomen bestimmen. Außerdem lassen sich Informationen zum Valenzzustand und zur Koordinationsgeometrie der absorbierenden Atomsorte gewinnen. Ein großer Vorteil der XAFS-Methode liegt darin, dass sie auf Systeme anwendbar ist, die keine fernreichende Ordnung besitzen wie etwa Lösungen und Gläser. Es sind also „in-situ"-Messungen in heterogenen Systemen und Mischungen ohne aufwändige Probenpräparation möglich. Die XAFS wird in verschiedenen Bereichen der grundlegenden Actinidenforschung angewandt. Im INE wird sie unter anderem zur Aufklärung der Geochemie und der Komplexchemie der Actiniden eingesetzt und ist damit ein wichtiges Instrumentarium für die Forschungsarbeiten zur sicheren Nuklearen Entsorgung.

Einige der ersten Experimente an der INE-Beamline waren Strukturuntersuchungen zur Aufklärung der hohen Selektivität des am INE entwickelten Extraktionsmittels Di(5,6-dipropyl-1,2,4-triazin-3-yl)pyridin (BTP). Mit BTP ist es gelungen, Americium und Curium aus salpetersaurer Lösung mittels Flüssig-Flüssig-Extraktion von den sich chemisch nahezu gleich verhaltenden Lanthaniden abzutrennen. Dies ist ein Schlüsselschritt beim so genannten Partitioning and Transmutation-Verfahren, das zur Reduktion der Langzeitradiotoxizität von nuklearen Abfällen international zurzeit intensiv erforscht wird. Die aus der EXAFS-Analyse gewonnene Struktur des BTP-Komplexes mit dreiwertigem Curium beziehungsweise dreiwertigem Americium in Lösung zeigt, dass das Metallkation über drei je dreizähnige BTP-Liganden neunfach koordiniert ist.

Cm L3 EXAFS Spektrum (links) und seine Fouriertransformation des Cm-BTP-Komplexes mit den zugehörigen Anpassungen (Mitte) und aus den EXAFS-Daten gewonnenes Strukturmodell des Lösungskomplexes (rechts).

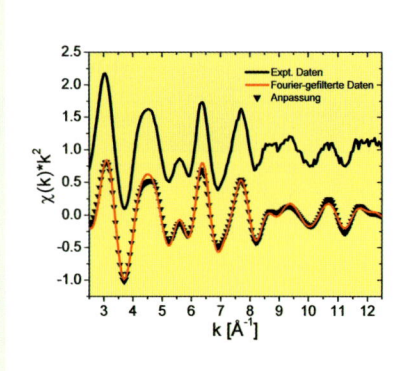

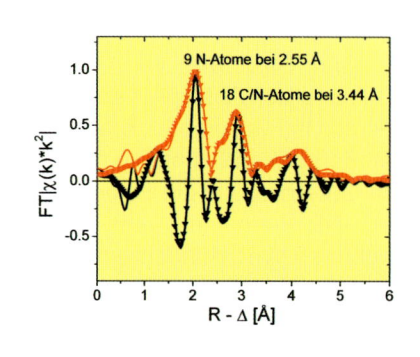

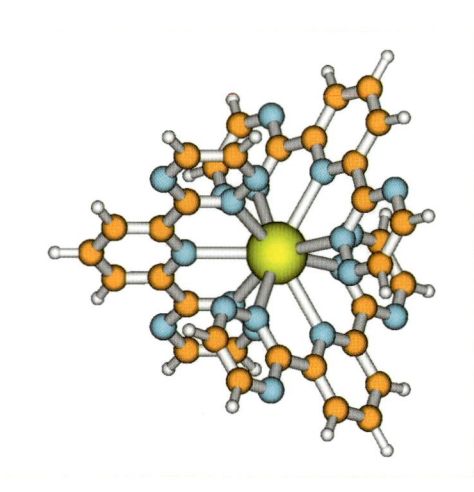

Methoden der Wahl

Polarität

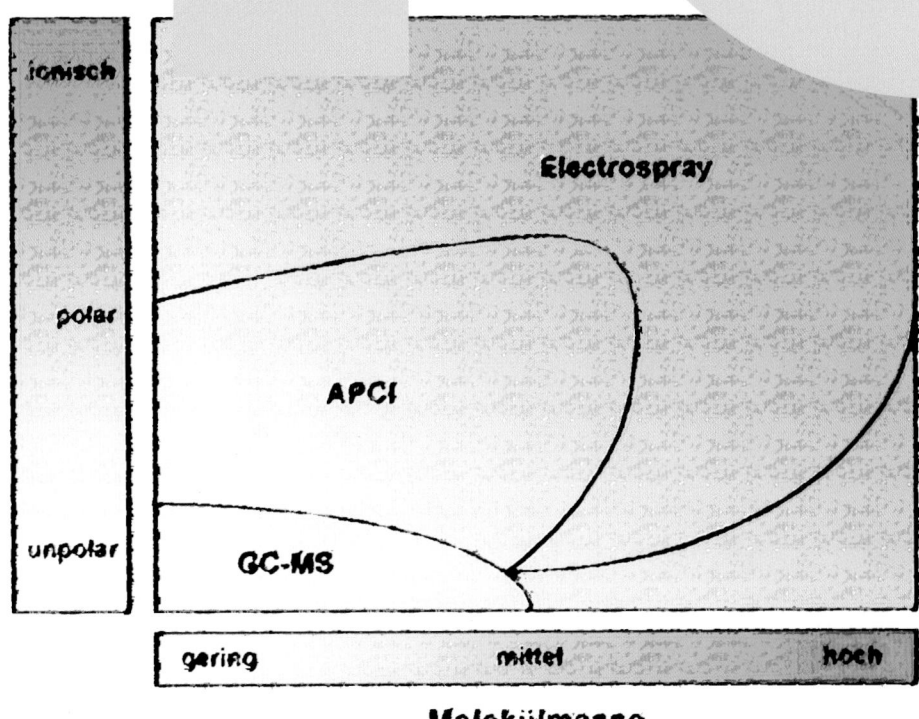

ionisch

polar

Electrospray

APCI

unpolar

GC-MS

gering mittel hoch

Molekülmasse

Kapitel 10

10 Methoden der Wahl

Neue Methoden waren, sind und werden immer etwas sein, das Wissenschaftler weiter bringt und ihnen neue Wege ihrer Forschungen oft erst ermöglicht. Neuartige analytische Methoden spielen hierbei eine herausragende Rolle. Sei es die moderne bildgebende Sensorik oder die gekonnte Kopplung von Flüssigchromatographie mit Massenspektrometrie. Aber auch ausgereifte hoch entwickelte Techniken, wie die Gaschromatographie, liefern oft dank einer stetigen Weiterentwicklung immer wieder neue Möglichkeiten.

10.1 Innovative Gaschromatographie: schneller, umfassender, leistungsfähiger
Schritt für Schritt
18. Woche *Werner Engewald, Universität Leipzig, Institut für Analytische Chemie*

Dank der Verwendung von hochauflösenden Kapillarsäulen und leistungsstarken Detektoren zählt die Gaschromatographie (GC) zu den leistungsfähigsten Trenn- und Analysentechniken. Ihre Anwendung hat unser Wissen über die Zusammensetzung von komplex zusammengesetzten Proben beträchtlich erweitert oder überhaupt erst ermöglicht. Die Kombination der Gaschromatographie mit der Massenspektrometrie (GC-MS) ist zur Untersuchung flüchtiger Gemische ohne Konkurrenz. Weil bei der GC – nomen est omen – ein Gas die mobile Phase, das Trägergas, darstellt, beschränkt sich diese Technik auf die Analytik flüchtiger Verbindungen. Allerdings ist bei zahlreichen Problemstellungen ohnehin nicht die komplette Zusammensetzung der Proben, sondern nur die Menge der flüchtigen Inhaltsstoffe gefragt. Dafür bietet die GC eine einzigartige Möglichkeit. Mit speziellen Techniken kann man die zu analysierenden Substanzen ohne Verwendung eines Lösemittels von der Matrix abtrennen – extrahieren – und in den Gaschromatographen dosieren.

Seit langem wird jedoch prognostiziert, dass auf dem Gebiet der GC keine Innovationen mehr zu erwarten sind. Tatsächlich präsentiert sich die GC heute als eine ausgereifte Technik auf hohem Niveau. Aber es gibt auch hier eine stetige und vielfältige Weiterentwicklung, allerdings in kleinen Schritten und weniger spektakulär. Neben Kopplungstechniken und Miniaturisierung gehören hierzu:
- Verkürzung der Analysenzeit (Schnelle GC)
- Umfassende zweidimensionale GC (GCxGC)
- Verbesserte Möglichkeiten zur Spurenanalytik

Schnelle Trennungen
Es gibt verschiedene Möglichkeiten, die Analysenzeit zu verkürzen. Erfolgreich sind besonders zwei Varianten: Kürzere Säulen mit geringerem Innendurchmesser (ID) sowie eine drastische Erhöhung der Heizrate.

Durch Anwendung von kürzeren Säulen mit einem geringerem ID (zwischen 0,05 bis 0,15 Millimeter) sind die gleichen Trennungen in wesentlich kürzerer Zeit möglich. Die Verringerung des ID ist jedoch verknüpft mit einer beträchtlichen Verringerung von Probekapazität und Peakbreite sowie einer Erhöhung des Säulen-Rückdrucks. Daraus ergeben sich apparative Anforderungen, die kommerzielle Geräte erst seit etwa zehn Jahren erfüllen.

Eine andere Möglichkeit zur Verkürzung der Analysenzeit sind höhere Heizraten bei temperaturprogrammierter Arbeitsweise. Extrem hohe lineare Heizraten von bis zu 1.200 °Celsius pro Minute sind mit ummantelten Säulen und einer direkten Widerstandsheizung erzielbar. Der damit verbundene Verlust an

Lösungsmittelfreie („trockene") Extraktions- und Dosiertechniken zur GC-Analyse flüchtiger Komponenten in schwer- oder nichtflüchtigen Proben

Technik	Prinzip
Headspace – GC (HS – GC) Kopf- oder Dampfraumanalyse	Probenahme aus dem Dampfraum über flüssigen oder festen Proben (statische und dynamische Varianten)
Thermodesorption • direkte Thermodesorption • Adsorptive Anreicherung / Thermodesorption	Ausgasen fester Proben bei höheren Temperaturen im Trägergasstrom Spurenanreicherung aus Gasen an Adsorbentien mit nachfolgendem Ausheizen im Trägergasstrom
Festphasen-Mikroextraktion (Solid Phase Micro Extraction, SPME)	Extraktion aus flüssigen Proben oder dem Dampfraum an einer außen beschichteten Quarzfaser mit nachfolgendem Ausheizen im GC-Injektor
Stir bar sorptive extraction SBSE	Extraktion an einem beschichteten Rührstäbchen ("Twister")
Solid phase dynamic extraction SPDE (in tube SPME)	Extraktion an einer innen beschichteten Spritzennadel

Kapitel 10 — Methoden der Wahl

20. Woche

Auflösung kann oft durch die hohe Trennstufenzahl der Kapillarsäulen kompensiert werden. Außerdem steht dem Verlust an Effizienz ein Gewinn an Empfindlichkeit durch die gleichzeitige Verringerung der Peakbreite gegenüber.

Umfassende zweidimensionale GC (comprehensive two-dimensional GC, GCxGC)

Obwohl sich mit Kapillarsäulen weit über 100 Komponenten in einem Lauf trennen lasen, reicht bei sehr komplexen Gemischen das Trennvermögen einer Säule nicht aus. Deshalb koppelt man bei der GCxGC-Technik zwei Säulen mit unterschiedlichen Retentionsvermögen miteinander. Das Eluat der ersten Säule wird durch einen geeigneten Modulator kontinuierlich in kleine Segmente von einigen Sekunden Breite zerlegt, die jeweils auf eine kurze Distanz zusammengeschoben – fokussiert – und auf die zweite kurze Säule mit geringem ID überführt werden. Dort erfolgt eine sehr schnelle Trennung. Auf diese Weise wird eine echte zweidimensionale GC mit einem enormen Trennvermögen erzielt. Die Fokussierung bewirkt zudem noch eine Steigerung der Empfindlichkeit. Wegen der geringen Peakbreite benötigt man zur Identifizierung der Komponenten ein schnelles MS, und zur Auswertung ist eine entsprechende Software erforderlich.

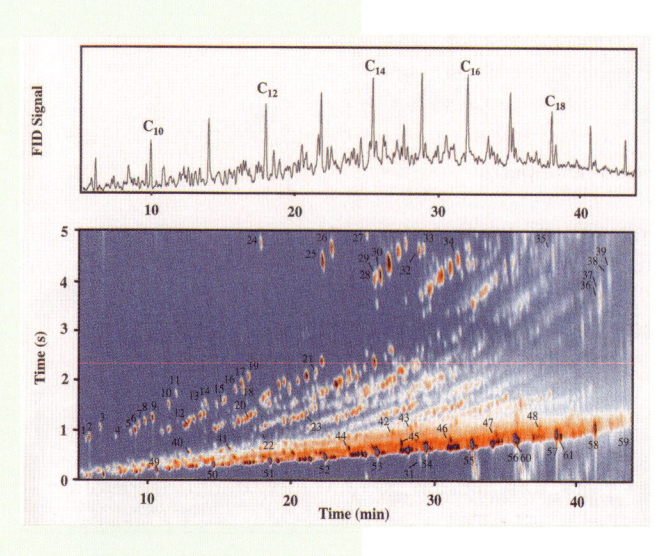

Vergleich von ein- und zweidimensionaler Trennung einer Dieselölprobe (aus W. Bertsch, J. High Resol. Chromatogr. 23 (2000) 167.)
Oben: Ausschnitt aus dem eindimensionalen Chromatogramm, unpolare Säule, Temperaturprogramm, n-Alkane C10 – 20. Unten: Konturplot der zweidimensionalen Trennung, erhalten durch Aneinanderreihung der FID-Chromatogramme von der zweiten Säule (die n-Alkane sind in der unteren Reihe).

Verbesserte Spurenanalyse

Die Forderungen nach dem Nachweis von immer geringeren Konzentrationen bei hohem Probendurchsatz führten zu neuen Techniken und Weiterentwicklungen wie online-Verknüpfung der GC mit Extraktions- und Anreicherungstechniken, Dosierung größerer Probevolumina, stabileren Trennsäulen, Verwendung inerter desaktivierter Oberflächen sowie empfindlicheren und robusteren MS-Detektoren.

10.2 Nichtisotherme chemische Sensoren
Mehr als künstliche Sinnesorgane

20. Woche *Peter Gründler, Institut für Chemie, Universität Rostock*

Chemische Sensoren übernehmen immer mehr Aufgaben, die traditionell der instrumentellen Analytik vorbehalten waren. Chemische Sensoren sollen klein, leicht und kostengünstig sein. Sie sind einerseits „künstliche Sinnesorgane" mit den Funktionen „riechen" oder „schmecken", andererseits sind sie echte Analyseninstrumente.

Chemische Sensoren müssen mindestens zwei Grundfunktionen erfüllen: Der Rezeptor muss in Abhängigkeit von der Zusammensetzung der Probe eine Eigenschaft so ändern, dass zweitens diese Änderung im nachgeschalteten Transduktor in ein elektrisches Signal umgesetzt werden kann. Elektrochemische Sensoren enthalten oft einen amperometrischen Transduktor, bei dem ein Elektrolysestrom gemessen wird, der linear von der Konzentration eines reduzierbaren oder oxydierbaren Probebestandteils abhängt. Diese Linearität rührt von den Eigenarten der so genannten voltammetrischen Stromspannungskurven her, die unter Umständen so gestaltet werden können, dass sie die leicht auswertbare S-Form – auch „sigmoide Kurvenform" genannt – annehmen, bei der ein nahezu konstanter Diffusionsgrenzstrom auftritt. Dieser Diffusionsgrenzstrom ist über viele Dekaden proportional zur Analytkonzentration.

Ein unkonventioneller Weg, sigmoide Voltammogramme zu erhalten, ist die direkte Heizung von Mikroelektroden. Durch eine in unserer Arbeitsgruppe entwickelte symmetrische Elektrodenanordnung gelang es, die gegenseitige Störung des Heiz- und des Messkreises zu vermeiden. Heizt man mit kurzen, oft wiederholten Impulsen, dann lassen sich Temperaturen weit oberhalb des Siedepunktes erzielen. Als Lösungsmittel dient dann Wasser im metastabilen überhitzten Zustand, ohne dass es zum Sieden kommt. Heizt man kontinuierlich, dann muss man unterhalb des Siedepunktes bleiben, erreicht aber einen hocheffizienten Mikro-Rühreffekt. In beiden Fällen lassen sich Elektrodentemperaturen präzise einstellen und messen.

Methoden der Wahl

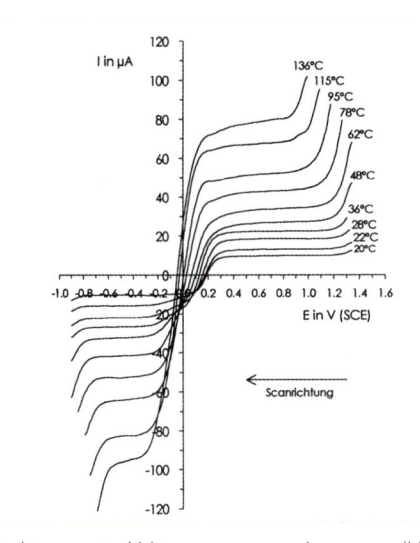

Kapitel 10

Hochtemperatur-Voltammogramme eines reversiblen Redoxsystems. Je 0,005 Mol pro Liter Kaliumhexacyanoferrat-II und Kaliumhexacyanoferrat-III in 0,1 molarer Kaliumchloridlösung. Dauer eines Heizimpulses 0,1 Sekunde, Periodendauer einer Einzelmessung 1 Sekunde, Stufenhöhe der Potentialtreppe 0,01 Volt. Parameter: Elektrodentemperatur.

Kompensation des Störeinflusses der Wechselstromheizung bei einer symmetrisch geteilten Arbeitselektrode (symbolisch dargestellt als dicker senkrechter Strich). Der Transformator des Wechselstrom-Heizkreises wird zwischen den Punkten (1) und (3) angeschlossen

Hochtemperatur-Voltammetrie wurde bisher in erster Linie zur Bestimmung des Temperatureinflusses auf die Redox-Kinetik, zur Bestimmung von Redox-Entropien und ähnlichem genutzt. Mit kontinuierlicher Elektrodenheizung wurden zahlreiche Bestimmungen von Metallgehalten durch Stripping-Voltammetrie durchgeführt.

Unter den vielfältigen Anwendungen in der Bioelektrochemie sind besonders die Nucleinsäure-Sensoren erwähnenswert. Damit konnte die Konzentration von DNA bestimmt werden, ferner der Einfluß der Temperatur auf DNA-Schädigungen durch Chemikalien, insbesondere aber die Hybridisierung, also die Zusammenlagerung von zwei Einzelsträngen zur Doppelhelix. In einem gegenwärtig entwickelten DNA-Hybridisierungsanalysator befindet sich ein Einzelstrang als „Sonde" auf einer Elektrodenoberfläche. Bei Anwesenheit des komplementären Gegenstücks in der Probelösung kommt es zur Hybridisierung, die durch ein elektrochemisches Signal angezeigt wird. Dies bedeutet die Erkennung einer biologischen Spezies ähnlich wie beim „genetischen Fingerabdruck". Diese Anordnungen können zu DNA-Chips erweitert werden. Die willkürlich wählbaren Lokaltemperaturen auf einem solchen Chip bewirken eine wesentliche Verbesserung und Beschleunigung der Bestimmung.

Eine andere interessante bioanalytische Anwendung geht von Enzymsensoren aus, die nichtisotherm betrieben werden. Daraus resultiert ein wesentlich verbessertes Nachweisvermögen. Noch wichtiger könnte die neue Technologie der „Thermischen Diskriminierung" werden, bei der die unterschiedlichen „Temperaturgänge" konkurrierender analytischer Signale benutzt werden, um Substanzen simultan zu bestimmen. Bisher ist dies für Mischungen von Glucose und Ascorbinsäure und für Mischungen mehrerer Zuckerarten gelungen.

Moderne Techniken der Oberflächenmodifizierung wie etwa die Bildung selbstorganisierender Monolagen (SAM) wurden mit geheizten Gold- und Wismutelektroden untersucht.

10.3 Flüssigchromatographie/ Massenspektrometrie für die Analytik unpolarer Verbindungen
Gute Aussichten

26. Woche

26. Woche *Bettina Seiwert und Uwe Karst, Westfälische Wilhelms-Universität Münster, Institut für Anorganische und Analytische Chemie*
Suze van Leeuwen und Martin Vogel, Universität Twente, Abteilung Chemische Analyse und MESA[+] Institut für Nanotechnologie, Enschede/Niederlande
Heiko Hayen, ISAS Institute for Analytical Sciences, Dortmund

Die Flüssigchromatographie (LC) gekoppelt mit der Massenspektrometrie (MS) ist heutzutage eines der leistungsfähigsten Analysenverfahren. Möglich wurde dies erst durch die

Kapitel 10 — Methoden der Wahl

Einführung der Electrospray-Ionisation (ESI) und der chemischen Ionisation bei Atmosphärendruck (APCI). Aufgrund ihrer „weichen" Ionisationsmechanismen eignen sich ESI und APCI besonders gut für die Analytik polarer Substanzen. Bei der ESI legt man an eine Kapillare, die das LC-Eluat in den Interfaceraum leitet, eine Hochspannung an. Diese Hochspannung bewirkt zweierlei: die Überführung in die Gasphase und die Ionisation der Analyten. Bei der APCI wird dagegen zunächst das Eluat in einer beheizten Kapillare verdampft. Anschließend erfolgt die Ionisation durch eine Coronaentladung an einer Metallnadel.

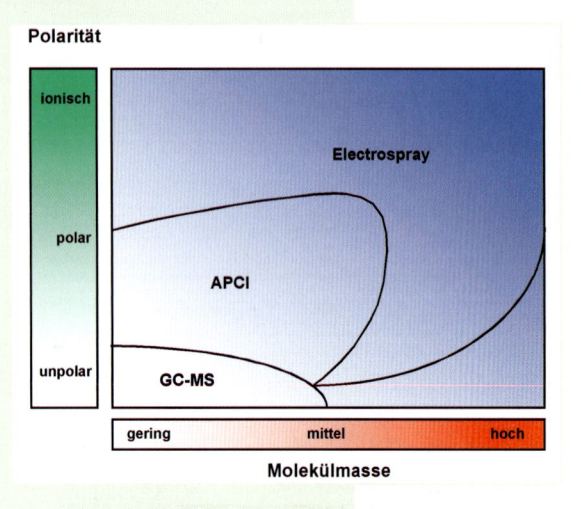

Die Bestimmung wenig polarer Analyten mit ESI- oder APCI-MS ergibt meist unbefriedigende Resultate, da unter den typischen Ionisationsmechanismen keine Ionisation erfolgt. In den letzten Jahren gab es neue Ansätze, die einen Einsatz der LC/MS auch für unpolare Verbindungen ermöglichen:

- die Kopplung aus Elektrochemie und MS,
- die Photoionisation bei Atmosphärendruck (APPI),
- die Elektroneneinfang-APCI-MS,
- die Coordination Ionspray-MS und – seit kurzem
- die Laserionisation bei Atmosphärendruck (APLI).

Einsatzbereiche für verschiedene massenspektrometrische Techniken.

Chromatogramm einer Trennung verschiedener mit Ferrocenoylpiperazid derivatisierter Isocyanate. Die eingefügte Abbildung zeigt die Strukturformel des Ethylisocyanatderivates des Ferrocenoylpiperazids und das zum Peak bei der Retentionszeit von ca. 17 Minuten gehörige Massenspektrum. Das kleine Massenspektrum zeigt das theoretisch berechnete Isotopenmuster für den [M]⁺-Peak.

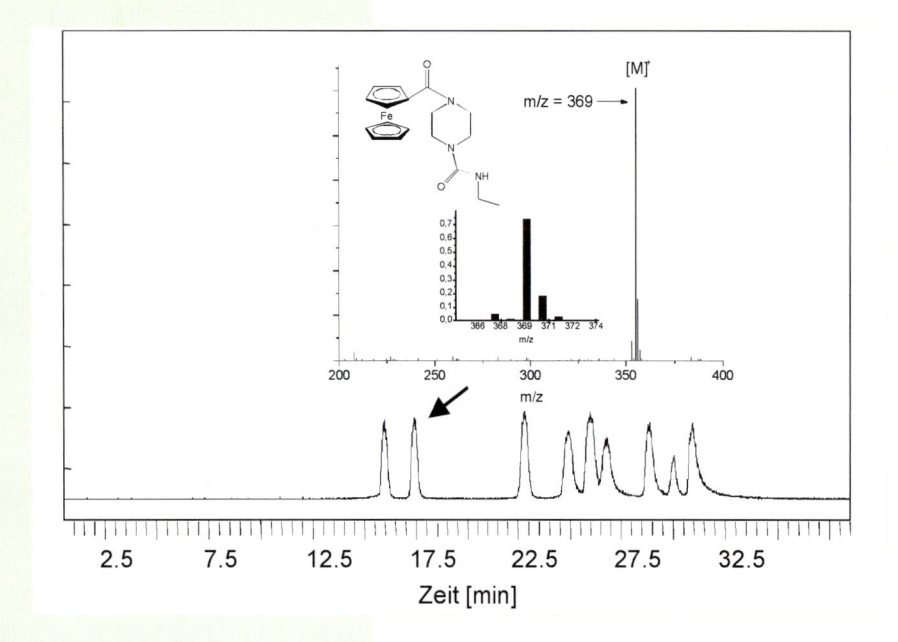

Elektrochemie/MS-Kopplung

Das Ziel der Kopplung aus Elektrochemie und Massenspektrometrie ist die elektrochemische Umwandlung unpolarer Verbindungen in polarere oder geladene Produkte. Hierzu müssen die Analyten elektrochemisch aktiv sein. Das bedeutet in der Regel: Sie müssen oxidierbar sein. Die LC/Elektrochemie/MS-Kopplung unter Verwendung eines Umkehrphasen-LC-Systems ist insofern attraktiv, da unpolare Verbindungen hierbei hervorragend getrennt, anschließend zu geladenen Spezies oxidiert und massenspektrometrisch detektiert werden können. So lassen sich beispielsweise Ferrocenderivate nach der elektrochemischen Oxidation sogar mit einem APCI-Interface, das ohne Coronaentladung betrieben wird, massenspektrometrisch bestimmen.

Dissoziative und nicht-dissoziative Elektroneneinfangreaktionen ausgewählter Nitroaromaten.

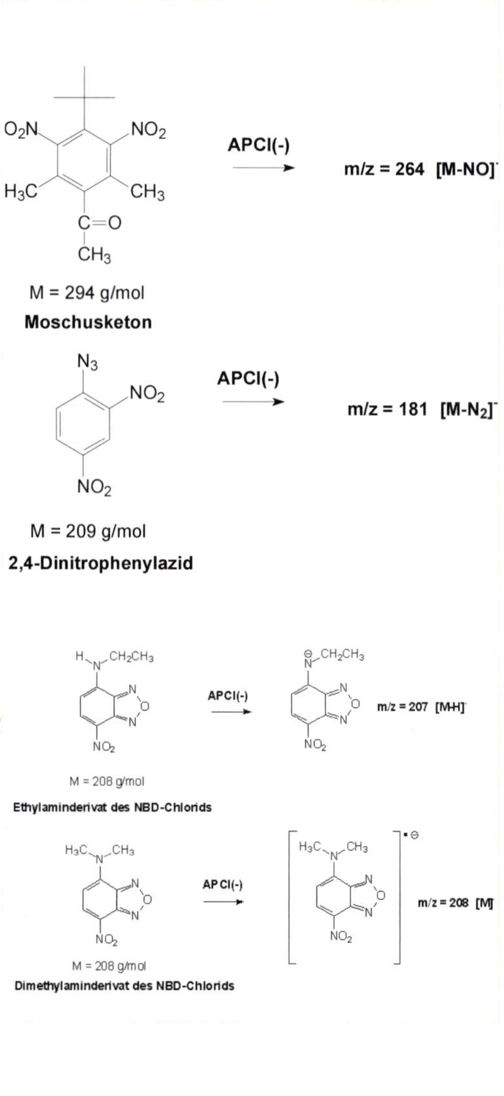

Methoden der Wahl

Photoionisation bei Atmosphärendruck (APPI)
Die APPI entspricht instrumentell weitgehend der APCI. Herzstück des Verfahrens ist hier jedoch eine Lampe, die energiereiches Vakuum-UV-Licht ausstrahlt. Dabei ist wichtig, dass das UV-Licht die Analyten photoionisiert, das Lösungsmittel und die Trägergaskomponenten jedoch nicht. Damit ist APPI zwar universeller einsetzbar als die Elektrochemie/MS-Kopplung – die Methode ist jedoch ebenfalls stark substanzabhängig. Hervorragende Resultate erhält man beispielsweise für die LC/APPI-MS-Kopplung von polycyclischen aromatischen Kohlenwasserstoffen (PAK).

Elektroneneinfang-APCI-MS
Die Elektroneneinfang-APCI-MS ist ein neues Verfahren, das das APCI-Interface als Quelle langsamer Elektronen nutzt. Man verwendet zur Elektronenerzeugung Substanzen mit hoher Elektronenaffinität, beispielsweise polyhalogenierte Verbindungen oder Nitroaromaten. Der Elektroneneinfang kann sowohl dissoziativ als auch nicht-dissoziativ verlaufen. Trotz der Beschränkung auf bisher wenige Substanzgruppen ist diese Methode von großer praktischer Bedeutung. Beispielsweise hat man halogenierte Derivatisierungsreagenzien zur Bestimmung von Biomolekülen und Pharmazeutika eingesetzt. Und in den letzten Jahren wurde diese Methode auch für die direkte Analytik umweltrelevanter Nitroaromaten genutzt.

Coordination Ionspray-MS
Das Coordination Ionspray-MS-Verfahren beruht auf der Zugabe flüchtiger Salze zu Analyten geringer Polarität. Hierdurch entstehen aus unpolaren Substanzgruppen geladene Addukte, die mit Hilfe der MS bestimmbar sind. Obwohl dieses elegante Verfahren auf die Analytik ausgewählter Verbindungen beschränkt ist, bietet es einzigartige Möglichkeiten: Bekannt sind Anwendungen für die Bestimmung von Vitaminen, Olefinen, Polyolefinen und Aromaten sowie für Produkte der Lipidperoxidation.

Laserionisation bei Atmosphärendruck (APLI)
Kürzlich wurde ein neues Ionisationsverfahren vorgestellt, das auf der Ionisation der Analyten durch einen Laser beruht. Damit können Substanzen mit aromatischem Grundgerüst sehr empfindlich durch Zweiphotonen-Ionisation bestimmt werden. Berichtet wurde bereits der Einsatz dieser viel versprechenden Methode für die Bestimmung polycyclischer aromatischer Kohlenwasserstoffe (PAKs), oligomerer Verbindungen mit aromatischen Gruppen sowie Koordinationskomplexe.

Zusammenfassung
Zwar bietet keines der vorgestellten Verfahren eine universelle Lösung für die Bestimmung unpolarer Substanzen mittels LC/MS. Offensichtlich ist jedoch, dass es inzwischen analytische Problemlösungen im Bereich der LC/MS-Kopplung gibt, die vor wenigen Jahren noch nicht absehbar waren. Angesichts der derzeitigen Dynamik auf diesem Gebiet sind in naher Zukunft weitere interessante Entwicklungen zu erwarten.

10.4 Bildgebende chemische Sensorik
Ans Licht gebracht!

35. Woche *Michael Schäferling und Otto S. Wolfbeis, Institut für Analytische Chemie, Chemo- und Biosensorik, Universität Regensburg*

Fluoreszenzoptische Indikatoren und Sensormaterialien bieten die einzigartige Möglichkeit, chemische Analysen nicht nur punktuell an einem Ort, sondern flächenverteilt durchzuführen. Dazu fügt man dem zu untersuchenden Material einen entsprechenden Fluoreszenz-Indikator zu, der dann mit Hilfe eines Kamerasystems detektiert wird. Ein typisches Beispiel ist etwa die Zugabe eines fluoreszierenden Sauerstoff-Indikators, mit dessen Hilfe die Verteilung des Sauerstoffpartialdrucks kontinuierlich verfolgt werden kann. Bessere Empfindlichkeiten erreicht man, wenn die Indikatormoleküle in wenige Nano- oder Mikrometer große Poly-

Kapitel 10

35. Woche

Durchlichtaufnahme eines Hautgewebes (Rückenhaut Hamster) mit Melanom (A); Fluoreszenz-Lifetime Imaging der Sauerstoff-Verteilung im Bereich des Hauttumors und der Umgebung mittels einer transparenten Sauerstoffsensorfolie, appliziert im direkten Kontakt zum betreffenden Gewebe (B); und Überlagerung beider Aufnahmen (C). (Aufnahme freundlicherweise zur Verfügung gestellt von P. Babilas, G. Liebsch, Universität Regensburg)

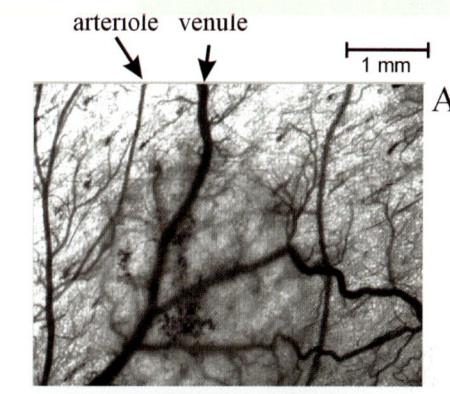

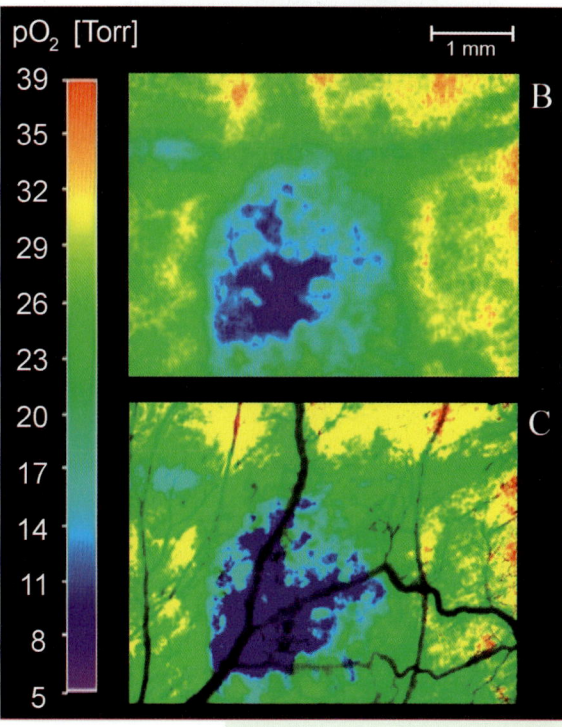

Kapitel 10 — Methoden der Wahl

merpartikel eingeschlossen werden. Dadurch kann man die unspezifische Fluoreszenzlöschung durch Sauerstoff, etwa im Falle einer Temperatur- oder pH-Sonde, oder durch Metallionen in der Probe unterbinden.

Alternativ kann man Sensorschichten einsetzen, bei denen der Indikator in einem analytpermeablem Polymer eingebettet vorliegt. Diese dünnen Sensorfolien müssen dann in direkten Kontakt mit der zu untersuchenden Probe gebracht werden. Das bildgebende System erfasst nun nicht mehr die Fluoreszenz eines in der Probe gelösten Indikators, sondern die der Sensorschicht, die mit der Analytkonzentration in der Probe im Gleichgewicht stehen muss. Mit Hilfe derartiger Sensorfilme ist es möglich geworden, eine Reihe von chemischen Größen, wie Sauerstoffpartialdruck, pH-Wert, Kohlendioxidpartialdruck und Wasserstoffperoxid, aber auch die Temperatur in komplexen Systemen, zum Beispiel auf der Haut oder Gewebeproben, sichtbar zu machen.

Sowohl Fluoreszenzintensität wie auch -abklingzeit können als analytische Größen dienen. In vielen Fällen wird die Abklingzeit als Messgröße bevorzugt, da sie – im Gegensatz zur Intensität – weniger anfällig ist gegenüber Störeinflüssen. Mögliche Störungen sind reflektiertes Streulicht oder eine ungleiche Ausleuchtung der Oberfläche. Zudem ist die Methode weniger anfällig gegenüber Abweichungen der Indikatorkonzentration innerhalb der Probe oder der Sensorschicht. Durch die Kombination mit mikroskopischen Systemen ist man in der Lage, sehr unterschiedliche Objekte zu untersuchen: Es kann eine mit verschiedenen Reagenzien versehene Mikrotiterplatte oder ein Mikorarray ebenso sein, wie eine Hautoberfläche oder Gewebeprobe, die auf die Verteilung eines bestimmten Analyten hin untersucht werden soll.

Setzt man Mikroarray-Formate ein, so kann man viele Tests parallel bei geringstem Bedarf an Probenvolumen durchführen und auswerten. Dies ermöglicht auf der einen Seite einen erheblichen Probendurchsatz, eröffnet auf der anderen Seite aber auch die Möglichkeit, mehrere der oben aufgelisteten Analyten gleichzeitig zu erfassen. Dies ist vor allem für zelluläre Testverfahren in der pharmazeutischen Forschung interessant. Denn die Änderung des Zellmetabolismus, die durch bestimmte Wirkstoffe erfolgt, kann man durch die Online-Detektion dieser Analyten verfolgen. Man spricht dann von „Metabolic Imaging".

Eine weitere Applikationsform dieser Indikatoren ist die Herstellung von sensitiven Farben. Der Farbstoff wird dabei in einem Hydrogel gelöst und verdünnt in einem Lösungsmittel als dünner Film auf ein Trägermaterial aufgesprüht. Druck- und Temperatursensitive Farben (PSP: Pressuresensitive Paint, TSP: Temperaturesensitive Paint) sind vor allem in der Aerodynamik und in der Strömungsmechanik ein gefragtes Hilfsmittel. Neue Entwicklungen sollen die gleichzeitige Bestimmung der Druck- und Temperaturverteilung auf Flugzeugmodellen in Windkanaltests ermöglichen.

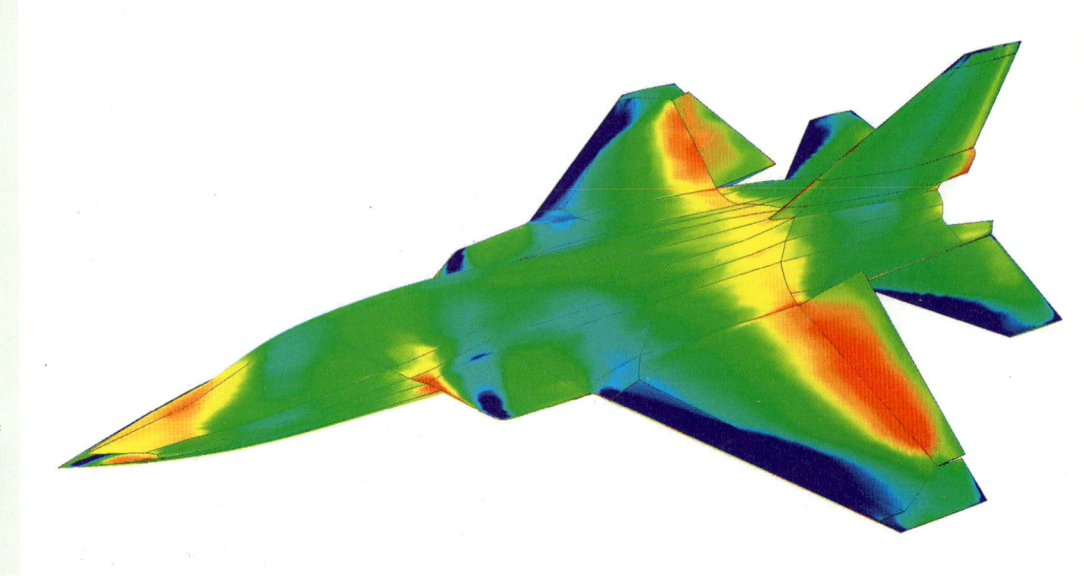

Visualisierung der Druckverteilung auf der Oberfläche eines Flugzeugmodells im Windkanal mittels einer fluoreszenten drucksensitiven Farbe (PSP). (Aufnahme freundlicherweise zur Verfügung gestellt von R.H. Engler, C. Klein, U. Henne, DLR Göttingen)